只要心存信仰，何惧从头再来。

此心有路 何必慌张

沈万九——著

机械工业出版社
CHINA MACHINE PRESS

人生就是一场修行，每个人都会经历很多的分分合合、起起落落、浮浮沉沉……然而，不管命途有多舛，生活有多难，只要心存信仰，何惧从头再来。

本书将从人生、工作、爱情和梦想四个维度去探讨：如何以心为光、借梦为马，从而在偌大的江湖中寻得那个属于自己的舞台，并最终活出自己喜欢的样子。

图书在版编目（CIP）数据

此心有路，何必慌张／沈万九著．—北京：机械工业出版社，2018.8

ISBN 978－7－111－59794－0

Ⅰ.①此…　Ⅱ.①沈…　Ⅲ.①人生哲学-通俗读物　Ⅳ.①B821-49

中国版本图书馆CIP数据核字（2018）第087372号

机械工业出版社（北京市百万庄大街22号　邮政编码100037）

策划编辑：姚越华　张清宇　　责任编辑：姚越华　张清宇

版式设计：张文贵　　责任校对：张　力

封面设计：吕凤英　　封面插画：锅一菌

责任印制：孙　炜

保定市中画美凯印刷有限公司印刷

2018年7月第1版·第1次印刷

145mm×210mm·7印张·105千字

标准书号：ISBN 978－7－111－59794－0

定价：42.00元

凡购本书，如有缺页、倒页、脱页，由本社发行部调换

电话服务　　网络服务

服务咨询热线：010－88361066　　机工官网：www.cmpbook.com

读者购书热线：010－68326294　　机工官博：weibo.com/cmp1952

010－88379203　　金书网：www.golden-book.com

封面无防伪标均为盗版　　教育服务网：www.cmpedu.com

序

老朋友，又跟你见面了。

你还记得吗？ 多年前的那个夏天，天空如大海般蔚蓝，微风如女人般温柔，一个孤独而乐观，羞涩却明媚，并且还有几分自恋的大男孩，坐在图书馆的午后阳光下，在苏格拉底、塞林格、毛姆、村上春树、马尔克斯和王小波等人的思想环抱中，内心慢慢变得澄净而坚定。

恍然之间，他如梦初醒般下定决心，有生之年，都将与文长情。

正所谓苦难为笔、梦想为墨，不知不觉，书便写到了第五本，余生还长，路在远方，一半欢喜，一半慌张。 欢喜是因为对所写的文字始终保持着宗教式的虔诚，不奢惊风雨，但求醉时光；至于慌张，则是岁月轻狂、年岁渐长，越来越觉得对这个世界无话可说。

每个人在年轻时，都会觉得人生的路很长，青春的梦不老，我们像永远活在王小波笔下的黄金时代一样："那一天我二十一岁，在我一生的黄金时代，我有好多奢望。我想爱，想吃，还想在一瞬间变成天上半明半暗的云。"

后来的日子，我们却发现，生活其实是个缓慢受锤的过程，人一天天老下去，奢望也一天天消失，最后变得像挨锤的牛。然而，有多少人可以像王小波那样，"我觉得自己会永远生猛下去，什么也锤不了我"。

当我看到自己喜欢的马尔克斯已经追随布恩迪亚家族

而去，梁朝伟脸上已经有了遮挡不住的皱纹，而那个曾对全世界宣称“上帝第一我第二”的狂人穆里尼奥也已是满头银发。

当我发现，一场宿醉换来的是一个礼拜的昏昏欲睡；一顿不加约束的饕餮盛宴，需要一个月的减脂运动才能够避免肚腩肥大。

此时，我终于承认，每个人都在不可避免地走向缓慢、疲惫和有心无力，“似水流年才是一个人的一切，其他都是片刻的欢娱和不幸”。所幸，在流年似水的路上，一直有你的目光、你的絮叨和你那标志性的阳光般灿烂的笑靥如花，所以我想好了：余生，以梦为光，活出自己。

正所谓人生如寄，有些人在20岁就“死”去了，只不过是80岁才埋葬。有些人却用不到80年的时光，创造了足以点亮这个世界800年，甚至8000年的光芒，比如苏格拉底，亦如乔布斯，只因他们内心有梦，更因他们一直热忱地活出了自己。

所以，我会继续以梦为光，照亮余生。活出自己，点亮年华。

余生，有一口气，点一盏灯，有灯就有人。

写字之外，我会于繁杂万千中保持一颗匠心，在尔虞我诈里守得一份善意。热爱工作，天天向上，养活自己，守护家人……

余生，对一个更有趣的世界，怀有乡愁。

读书，弹琴，旅行，交友，抬头仰望星空，低头俯视内心……永远对这个世界怀有孩子般的好奇，对一个更有趣的自己怀有浓烈的乡愁。

以上就是我所理解的余生，从月亮到六便士，再到似水流年里的点点诗意……见自己，见天地，见众生。 那么，亲爱的朋友，在余生的路上，你又希望书写什么样的故事呢?

目 录

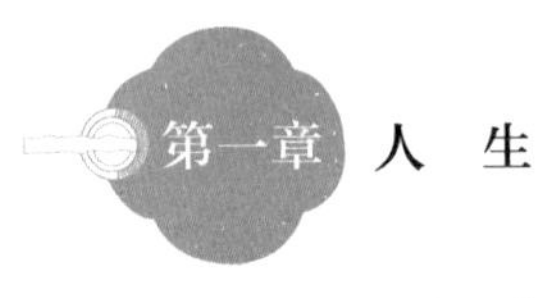

——走一段路，何必慌张

事业与工作

——做一件事，何必慌张

第一章

人生

——走一段路，何必慌张

拼了命，我终于活出了父母讨厌的样子

世界是自己的，要活出哪怕是父母讨厌的样子。

记得从刚上大学那天起，虽然离毕业还有 1460 多天，路漫漫其修远兮，可每次给家里打电话时，父母都会未雨绸缪地跟我说：“儿啊，好好准备一下吧，一定要考公务员……”然后一直不厌其烦地说到今天。

对他们来说，公务员就是铁饭碗，是不管下雨天晴、太平乱世，都有收入且收入不菲的工作，是一旦考上就可以终身不愁的人生。

然而他们却从未问过，他们心爱的儿子到底喜欢什么

工作。也没问过儿子的梦想是什么，到底怎样过一辈子才算有意义。

或许是因为年轻时为生计而长年漂泊，受累又受气的日子太多了，所以在父母眼中，公务员就是人世间最好的工作，因为它在足够稳定的同时，也足够让人尊重。

其实，对于父母的“逼宫”，我表示一定程度的理解——他们毕竟还没有逼婚。

但一直以来，我都是那个不孝之子，我从来没有尝试过考公务员（也许考也未必考得上），我不喜欢那种一眼就能看到底的生活。

毕业后，我选择了去企业上班。正如父母所料的那样，一开始也有诸多的不顺，经历了很多的奔波和折腾，收入最少时不到 1800 元一个月，甚至是 10 元伙食费过一天……

但也正如我所期望的那样，这段自己选择的人生精彩纷呈、快意如歌，而且最重要的是，经过多年的努力，我最终去了一家几乎是全世界最大的跨国企业服务。收入上，没拖国家的后腿；职务上，也足以赢得尊重。

而我的父母也开始慢慢认可了我当年的选择，哪怕他们偶尔还会絮叨，为我当年没有考公务员而遗憾。

不要在下雨的时候修补烂屋顶

前不久有一位读者找到我，说她马上就30岁了，一直在政府部门工作，做类似于会计的工作。今年刚过完年，她便下定决心离开体制，自己创业开个农场，因为有一个不错的机会。

我好奇地问道："你怎么会突然有这样的想法？"

她说，她是在上海念的大学，学的是生物技术。开农场是她还没毕业就有的梦想，可是一直没找到机会。毕业那阵子，父母也一直让她考公务员，说公务员不但稳定，也好嫁人。她当时很迷惘，就考了，然后一直做到现在。可几乎每年她都想跳出来，但却缺乏勇气。

记得她说这些话时，声音带着温度，眼睛更是泛着光，典型的被梦想照亮的感觉。

作为一名理想主义者，我自然忍不住为她的梦想点赞，然后我继续问道，你现在是单身还是已婚？你爸妈不会逼婚吗？

她说当然会啊，逼了好多年了，他们认为公务员最好嫁人啊。不过这些年，我经历过一段失败的爱情，目前还没遇到合适的。

那现在这个节骨眼儿，父母又逼婚又阻止你追梦，你压力一定很大吧？

她说是啊，他们都要跟我决裂了。我爸说，我要是敢辞职，就不认我这女儿！但我知道这条路我一定要走，我只是需要更多的勇气和支持而已。

后来，我给了她想要的勇气，如果确定是自己的梦想，就一定要捍卫！在我们身边，那些所谓的最了解我们的人，往往是最大程度阻挠我们追梦脚步的人。

但与此同时我也建议，尽量不要在下雨的时候修补烂屋顶，而是要在天晴的时候做这件事。也就是说，可以先不辞职，看看机会是否真的合适，家里人的关系也可以先缓缓，甚至可以先瞒着他们，自己在外面尝试打拼一下再说。既然我们可以为了梦想不顾一切地辞职，那为何不能不顾一切地先兼顾一下呢？直到真的上了轨道，我们再逆风起航也不迟。

世界是自己的，要活出哪怕是父母讨厌的样子。

别让愚孝成为你无法活出自己的借口

著名心理学家武志红曾有过这么一个说法，在找恋爱对象时，尽量不要选那些出生、读书和工作都在同一个城市的异性——尤其是不能找出生、读书和工作都一直和父母住在一起的人。

为什么这样说呢？因为这样的人很大可能没有学会分离，内心也没有一个足够大的安全岛。所以，一方面有极大的依赖性，比如说，妈宝男就是典型的一种；另一方面，也会有很大程度的吞没性创伤（因为父母拒绝分离而导致），继而将愤怒埋藏于心，一如上文中的杨元元。

很显然，一旦跟这样的人恋爱，是非常吃力的，而且还容易伤痕累累，哪怕他们并不是有意如此。

值得一提的是，那些不愿或者不敢跟父母分离的朋友，往往还会有一个掷地有声的借口，比如说“父母在不远游”“父母从小这么辛苦把我养大”。他们打着孝的名义，不管是在事业还是在伴侣的选择上，都习惯画地为牢、作茧自缚。

但是，当他们在生活中频频碰壁，事业上屡屡受挫，甚至在婚姻中举步维艰之时，往往又会把责任归咎于父母，认为是父母挡住了自己的脚步、干涉了自己的婚姻，甚至毁掉了自己的人生……殊不知，真正应该承担责任的是自己。

幸福就是一步又一步地对梦想的坚持

很多父母从来不会问儿女的兴趣和对人生的期望，而这也是很多人哪怕努力一生也找不到人生意义的原因所在。

众所周知，我除了上班外，还会写作，而且已经写了很多年。最近几年写得还可以，有了一点小起色，一直坚持的文学梦也算是进入了轨道。

前不久，我向爸妈透露，如果写作顺利了，我很可能会辞职，以文学创作为生，附带做一些投资。

但他们却像当年不同意我去企业上班一样，也坚决反对我辞职去追文学梦。他们说写作这种事情，没有稳定的收入，没有公积金，甚至没有社保，完全就是无业游民啊！怎么可以做专职呢？我们祖宗三代，都没有搞文学创作的基因啊！

对于他们的忧虑、否定甚至打击，我依旧表示理解，毕竟开明的父母跟爱情一样，可遇而不可求。

然而，也正如我当年没有选择考公务员那样，我依旧会努力朝着自己想要的方向生活，为自己的梦想而坚持，直到活出自己喜欢的样子。

30 岁仍缺钱的我，还能咸鱼翻身吗

你以为拼尽全力就能有钱吗？

对啊！

我有一个朋友，一直很努力，却始终贫困潦倒，每次聚餐我们都要帮他买单；谈了个女友，偶尔还得我们赞助电影票。

他前不久去算命，问到底何时能脱贫？

算命先生走完“看掌看签看脸”等套路后，很肯定地说：“你 30 岁之前都很缺钱。”

过完这一年就 30 岁的他，顿时一阵窃喜，问：“那我

你以为拼尽全力就能有钱吗？

对啊！

30 岁之后就会很有钱吗？”

“不是，30 岁之后你就习惯了！”

……

如你所料，这是一个笑话。20 来岁的你听起来或许可以一笑了之，但对于那些即将奔三却依旧囊中羞涩的朋友而言，会是一种什么样的心情？

30 岁，是个瞻前顾后的年纪。

对大多数人来说，30 岁都是一个不上不下、瞻前顾后的年纪。

不管是已成家立业的还是继续单身浪漫着的，一旦年过三十，没有些盘缠压身，于江湖中行走就确实有点尴尬，毕竟到了而立之年，如果还是两袖清风月月光，家庭和社会的压力可想而知。

究其原因，除了生性懒惰或不务正业，抑或是真正地安于贫困，还有以下三种可能：

1. 一直很努力工作，学历不差，资历不浅，但收入就是提不上去。

2. 在一个行业耕耘多年，突然发现之前的工作不是自己喜欢的（比如说冯唐弃医从商），全盘否定，重新来过，换一种生存技能，甚至干脆脱离朝九晚五，自己创业。

3. 一直有一个艺术梦想，比如说写作、唱歌、演戏等，不断朝这个目标努力，平时就靠一份普通的工作来维持生计。

试问以上类型的朋友，如果过了 30 岁，还有机会咸鱼翻身吗？

对此，我来跟大家分享几个身边的故事。

扔掉穷人思维，才能咸鱼翻身

我的一名老下属，跟我在一起工作时，年薪不过 10 万元，每年涨幅约 8%；后来跳槽去了某跨国公司做培训，税后 18 万元；半年后又跳去了某知名互联网公司，年薪 40 万元。他现在 32 岁，但已经不怎么缺钱了，只因他看准了时机，近乎完美地跳槽了两次。

一个认识不久的朋友，高中学历，在一家小公司做行政助理，然后一直没有换过工作，坚持了 15 年；公司三年前上市，36 岁的她立刻变成了千万富翁。就这样，她成功翻了身，只因进入了一个高速发展的行业和一个迅速成长的公司。

一个自媒体人，靠写作一直不赚钱，稿费不多，出书也不火。30 岁那年，他不幸失业，女朋友跟他分了手，他在家待了一年，抑郁了半年，突然发现自己讲得比写得好，又恰逢自媒体年，于是很快就咸鱼翻身了，现在年薪百万元以上。

一个外企白领，一直很努力工作，工作也非常出色，但却不善于交际，直到 30 岁才晋升到公司的中层，年薪 15 万元左右。悲剧的是，刚升级成为爸爸的他，因为公司大裁员而失业了。随后，他在爱人的支持下，决定破釜沉舟，彻底告别职场，开始在网上讲微课，每周讲两课，半年不到就赚到了 15 万元。

以上都是真实的故事，在 30 岁之前，他们似乎都看不到未来，但很快就实现了人生大翻转。

从他们的故事中，我们似乎可以得出以下三个结论：

1. 扔掉穷人思维

没有富人的钱，也要有富人的心。看得远一些，眼界

扔掉穷人思维，才能咸鱼翻身。

宽一些，学得快一些，财富才可能多一些。著名心理学家武志红曾说过，虽然很多人主观上都希望自己有钱，但潜意识却不这么认同，也不相信。一个人，只有从内心深处坚定自己会富裕的信念，才会通过自己的努力以及机缘而创造财富，否则就算钱来了，也会以各种原因“扔”掉。

武志红还举了一个自己的例子：他的书最开始畅销的时候，每一次拿到一大笔版税，总会犯一件迷糊事，那就是把银行卡落在取款机那里。之所以会这么凑巧，其实是因为在潜意识里，他那时觉得自己是个文化人，骨子里不屑跟有钱人为伍，所以他会以这样的方式来让自己内心平衡。

如果你安于平淡，不想人生过于操劳，那也无可厚非；但如果你一直在努力，也确实希望成为有钱人，那么首先最重要的一点，就是在潜意识里扔掉穷人思维，相信自己注定可以成为有钱人。

与此同时，还要掌握一些富人的投资思维，懂得如何放长线钓大鱼，懂得取舍，拥有用钱生钱的智慧。

2. 主动接受挑战

如今的时代变化很快，一方面要了解所处公司和行业的发展趋势，另一方面也要看看外面的世界。

正所谓富于忧患，贫于安乐，公司并不是家，没有所谓的绝对稳定，哪怕是过去所谓的“铁饭碗”，也在现有的竞争环境中被逐渐打破。

所以，找准机遇适当地跳槽，既是对自己适应能力的挑战，也是给自己一个升职加薪的机会。

3. 发挥自己的长处

正所谓尺有所短，寸有所长，每个人都有自己的优缺点。 刘翔跟林丹比羽毛球，那肯定是一败涂地。 真正的成功者，都是在自己擅长的领域做到尽善尽美。

当然，创造财富绝不会这么简单。 我不过是想给你一些启发，同时也给那些即将奔三，依旧贫困，但始终在努力耕耘的朋友一份信心，就让我们一起努力，彼此鼓励，继续耕耘，扔掉包袱，早日成为自己心目中的成功者吧！

正所谓尺有所短，寸有所长，每个人都有自己的优缺点。

愿你阳光下像个孩子，风雨中像个大人

阳光下谈情，风雨中养家。

不管是《花千骨》里的花千骨，还是《三生三世十里桃花》里的九尾狐青丘白浅，都标配着这么一个女侠特质：生性善良，纯真乐观，富有同情心和好奇心，同时也不缺乏勇气和毅力，不断成长，关键时刻还能够挺身而出降妖伏魔。

总结成一句话就是：阳光下像个孩子，风雨中像个大人。即生活顺心时会像孩子一样，拥有一颗清澈而明媚的童心，不世故，不做作，更不迎合；然而，一旦遇到困

难，也能瞬间变成一个大人，勇于承担责任，有能力照顾身边的人。

孩子和大人的特质集中于一个人身上看似矛盾，却是统一，正如生活中有阳光也有风雨，却因此构成了美好的岁月。

一个对我影响很大的女孩

持续高质量地创作是一件艰难的事。每当我写作写到痛苦万分之时，我都会想到一个女孩。她并不是什么高高在上的女神，也不是我的贵人，更不是旧爱……她不过是一个跟我一样普通的作者，我甚至连她的姓名都不知道。

但每次想到她，我都像某个品牌的广告语一样：充电5分钟，通话2小时——顿时又有了坚持的力量。

她也是做自媒体的，因为一次合作我们相识了。我发现她非常乐观，说话做事像个单纯的孩子，会情不自禁地让你卸下成年人的伪装，似乎一下子就回到了校园时光。

我们的合作非常成功。然而，直到合作结束，我才愕然发现，她在几年前曾经历过一次非常严重的车祸，失去了双臂，双脚也不方便。她现在写字完全是靠一种头戴式的助写器，同时配合语音输入。即便这样，她依旧把公众号经营得很好，有很多人给她打赏、为她喝彩。

面对人生中的风雨，她没有自暴自弃，而是像个大人一样，靠自己的能力，不但能照顾好自己，还能照顾好自己的女儿和父母。

我们周围很多都是这样的朋友

然而，在我们的周围，更多的却是这样的朋友：

他们要么非常成熟，大事小情都做得滴水不漏，不管是在家里还是外面，脸上总好像戴着面具。哪怕是一个微笑，也似乎暗藏着一份“历经磨难取经归来”的沧桑。

要么就是日复一日地工作着，浑浑噩噩地忙碌着，无趣且无力，早已失去了感受生活诗意的心境，正如罗曼·罗兰所说的，他们 20 岁就已经死去，直到 80 岁才被埋葬。

更有这样的一种人，顺境天才，逆境弱者，外加一点玻璃心，平时像个大人，遇到挫折就变成了孩子，时而全能自恋，时而彻底无助。

我有一个朋友是家里的独生子，前阵子刚跟未婚妻分手，是对方突然悔婚的。一开始，我们还替他愤愤然。可后来，我们反而觉得他活该。

原因是他最近又找了女朋友，人很不错，他很喜欢，很快又到了谈婚论嫁的阶段。可当他带女朋友回家后，父母却不是很喜欢，因为没之前那个女朋友高挑和有钱。

然后他就开始左右为难，全然无助，更是多次让女朋友去跟他父母谈判，讨好他的父母。

他的女朋友非常气愤，但也没办法。最重要的是，我的这个朋友一直就在他父亲的公司工作，没有自己的事业，所以也不敢公然向大老板叫板。

像个大人般奋斗

在《小王子》里，有这么一句话：每一个大人都曾经是一个孩子，只是他们忘记了。

其实，作者是希望借助小王子的故事告诉我们，不管活到多大，都不要失去了一份童心。

一个人，只有成熟，那是无趣；只有童真，那是幼稚。

童真可以让人保持旺盛的好奇心，也能发现简单的快乐；成熟则可以让人与这个世界更好地对接。

所以说，童真用来发现世界，成熟用来对待世界。

每一个人在社会上打拼，都需要变成一个成熟的大人，但成熟并不是我们追求的结果，而是过程。

有一句话说得好：愿你出走半生，归来仍是少年。出走前，你是少年、是孩子；历经沧桑，千帆过尽，你依旧可以像个少年般归来。

正所谓岁月如歌，苦乐相伴，就让我们在阳光下，像个孩子一样奔跑、欢笑、谈情；在风雨中，像个大人般奋斗、思考、养家。

成熟不是懂得更多，而是能容不同

同时持有全然相反的两种观念，还能正常行事，是第一流智慧的标志。

一对恋人吵架，其中一个人说："亲爱的，我在说谎。"

试问，这句话到底是不是谎言？

如果你说它是谎言，那它就是实话；但如果你要说它是实话，它亦是不折不扣的谎言。

这便是著名的说谎者悖论。

我们无比坚信的某种观点，往往换个角度看，结果就会大相径庭。但事实上，两个截然不同的结论都有可能是正确的。

成熟不是智力上的升级

两个人谈恋爱，不成熟的人往往会犯这样的错误：总觉得自己有天大的委屈，对方怎么这么不懂我！口口声声说爱我的那个人，怎么一点都不理解自己！

其实答案很简单：男人来自火星，女人来自金星。

男女的思维方式本就不同，一个旨在解决问题，像消防员灭火一样，期待尽快找到水枪，瞄准火源，努力灭火；一个侧重于状态和情绪的表达，往往宣泄本身便是一种解决方式。

而成熟的恋人一般不会打破砂锅问到底：为啥对方这样想？他这么考虑，是不是说明不爱我了？她是不是看多了言情剧，怎么这么喜欢无理取闹？

需知道，恋爱不是科学，不是升级知识库，更不是打怪闯关拾宝升级；而是一门生活的艺术，哪怕暂时欣赏不来，也可以很喜欢。我们有时候需要的，只是多一分盲目的包容。

在恋爱的路上，我们可能会遇到形形色色的人，有人喜欢闪婚，有人不想生育，有人钟情忘年恋……道不同可以不相为谋，但没有必要去鄙视、抨击，甚至伤害。

感情上的成熟不是懂得更多的恋爱技巧，也不是掌握更多的御夫心经，而是真心诚意地理解对方，哪怕观点不一，亦能求同存异。

成熟从来就不是智力上的升级，而是情感上的蝶变。

守住自己的立场，容下对方的观点

记得在电影《使徒行者》里有这么一幕，张家辉用枪指着暴露了“卧底”身份的古天乐。

古天乐说：“警察还是黑帮，这个身份我没办法选择，但至少我可以选择救什么人。做兄弟，在心中，你感觉不到，我说一万遍也没有用。”

小时候，我们都以为懂得越多，就越能够分清黑白，而等我们真正长大之后更应该了解的是：这个世界哪有什么泾渭分明的黑白，在不同人的眼中，黑白也不一样，理解了其中的不同，才是真正的成熟。

在职场上，何尝不是如此？

我们经常会遇到与我们意见不合甚至截然相反的同事，比如最典型的矛盾组合——市场和销售团队。

职场耕耘多年，我一直从事的都是以花钱为主的市场型工作，跟以卖货赚钱为主的销售人员几乎有着天然的矛盾。

销售部总会明里暗里地抱怨，你们市场部总是乱花钱，可做的事又看不到什么效果。我们则会嫌他们鼠目寸光，没有战略眼光，有些钱是做长远品牌建设的。

解决的办法很简单，那就是知道对方的立场，容得下彼此的观点。哪怕我从没做过销售，也知道每个月背着销量任务是怎么样一种感受。

所以说，真正成熟的职场人士能够守得住自身的立场，同时也能容得下对方的观点。这样才能在必要的情况下真正地说服对方，并把对方引导到共同的利益上。退一步讲，就算不成功，也不会爆发大冲突。

当然，类似的智慧，其实我们更应该在城管和小贩、医生和患者，甚至婆媳之间看到。

真正的成熟是更包容

在《小王子》的开头，作者画了一幅画，并问了很多人这是什么。

人们都说是一顶帽子，但其实作者画的是一头巨大的蟒蛇，并且正在吞食着大象。然而，不管是代表着城市人眼中的帽子，还是森林人眼中的蟒蛇，都是正确的。

换句话说，我们心中如果能同时放得下帽子和蟒蛇，装得下城市和森林，自然就比别人更有智慧。

在全球畅销书《无声告白》里，小姑娘莉迪亚之所以选择自杀，一来是因为父母只会想着把自己的期望寄托在孩子身上，严重忽略了孩子本身的立场；二来是因为小姑娘所在的学校对这么一个华裔姑娘没有足够的包容性，最终重重的压力吞噬了她。

固然，人是群体性动物，但倘若我们因为看到了别人的不一样，就要打击和伤害，试问，我们跟动物还有什么区别？

众所周知，在生活里，婆媳之间是最容易产生矛盾的，但我有一个同事却处理得很好，甚至比她跟母亲的关系还好。

我们都好奇，她到底有什么绝招。

她说，其实根本谈不上什么绝招，我也不懂我婆婆是怎么想的，有时也很纳闷他们这辈人的思维方式。但我相信一点，她在做某些事的背后，肯定藏着一层过去的原因——我们都说服不了对方，但我比她更能包容。

确实，真正的成熟不是掌握更多的事实，懂得更多的道理，而是哪怕你不了解对方，也知道对方一定会有自己的理由。

第一流智慧的标志

记得《了不起的盖茨比》的作者菲茨杰拉德有这么一句名言：

同时保有全然相反的两种观念，还能正常行事，是第一流智慧的标志。

也就是说，有智慧的人，必然能够容下不同的，甚至截然相反的观念，然后还能把事情做好。

一档叫作《奇葩说》的节目一度非常火。这个节目有一个最大的特点，就是一件事情两种观点且相互矛盾，但从不同的立场都能说得通。

听起来，像是一个普通的辩论赛，但其实隐藏着有趣的含义，比如说，我们很容易被别人的观点所左右，容易失去自我，等等。

正所谓“花开生两面，人生佛魔间”。世间的道理往往是正反合一、阴阳相融的。明白了这一点后，我们才不会极端地去考虑问题，也不会随随便便怒气冲天，幼稚到跟人吵架。

总的来说，不管是爱情、工作还是生活，真正的成熟不是你懂得了多少的大道理，而是理解了更多的小矛盾；也不是你结交了多少志趣相投的人，而是接纳了更多不合的人。

如果说每个人的成长都注定会有代价，那么我最希望的是，经历了所有的代价之后，我们能换来一份真正意义上的成熟。

被“圆满”摧毁的一生

这个故事折磨并摧毁了我一生。

2017年4月27日，26岁的台湾女作家林奕含自杀身亡，才貌双全的一代佳人，却在最美的年华香消玉殒，让人叹息。

与此同时，林奕含自杀前八天的专访视频也被曝光。在视频中，她这样说道：

我在写这个小说的时候，我会有一点看不起自己。在书写的时候我很确定，不要说这个世界，台湾这样的事件仍然会继续发生，现在此刻，它也在继续发生。所以我写的时候会有一点恨自己，有一种屈辱感。

专访中提到的小说，其实是林奕含在2017年2月份出版的长篇小说处女作《房思琪的初恋乐园》。

在这本“改编自真人真事”的作品里，林奕含描写了少女房思琪被补习班名师李国华诱奸、性虐待，并最终发疯的故事。

其实如你所料，所谓的改编自真人真事，就是林奕含自己的不幸遭遇。

当林奕含还在念中学时，正处在13岁的花样年华，却被补习老师诱奸，随后患上了严重的抑郁症，16岁就开始接受精神医生治疗，一直未能痊愈。

在写完小说的那一刻，她可能觉得自己的使命已经完成了，对这个世界的所有依恋也彻底地失去了。

既然悲剧已经发生，而且发生了十几年，我们为何就不能饶过自己？

表面上看，导致林奕含自杀的原因是一场十恶不赦的诱奸，可背后的真正原因呢？

诺尔——《最幸运的女孩》

美国有一位作家，名叫诺尔，也是一个大美女，年轻的时候也曾遭遇过恐怖的性侵。

后来，她跟我做起了同行，也走上了写作之路，其用心创作的小说《最幸运的女孩》一经出版，便引起了市场的巨大反响，畅销全美。

跟林奕含一样的是，她曾在采访时声称，小说改编自真人真事。但不同的是，诺尔要更加勇敢，直接就坦言道，书中的主角就是以她为原型。

在小说里，念中学的女主角不幸遭到轮奸，虽说毕业后找到了一份好工作，也遇到了自己的如意郎君，但她却选择在结婚前夕重新检视自己“完美人生”的谎言，并试图找寻自由的心路历程。

而作者诺尔，原本是一名活泼可爱、美丽大方、热爱跳舞的青春美少女，可遭到性侵后，就变得自闭、恐惧，以致无法跟人接触。

而最让她难过的是，班上的同学知道这件事后，不但没有安慰她，反而嘲笑她。“我被当成了罪人，好像我罪有应得。”

然而，即便如此，她还是坚强地实现了自我蝶变，勇敢地走了出来，并以文字为武器，完成了人生的自我救赎。

为何同样是年轻时遭受性侵，后来也同样选择了写作，而且还同样是才貌双全，可最后却选择了截然不同的路？

清醒地看着自己沉沦

其实在2016年，林奕含在结婚期间便已露出了轻生的苗头。在本该甜蜜而幸福的订婚仪式上，作为才女的她，却这样致辞道：对生命已经失去了热情。

我不知道有哪个男人听到这样的话还愿意把婚结下去——反正我是肯定不愿意的。

果然，在结婚不久，她便与丈夫分居了。两人分居的原因，在她看来，是觉得自己不配做妻子。

由此可见，在她的心里一定有个心结，并且心结之大已经严重影响到夫妻生活。

也就是说，所谓的爱情、婚姻和家庭已经无法救赎她了，而且最重要的是，她自己也不愿意被救赎。正如电影《何以笙箫默》中的一句台词：

我一直很清醒，清醒地看着自己的沉沦。

在电影《不能说的夏天》里，23岁的白白（郭采洁饰）带着美好的音乐梦想，不顾母亲阻挠，只身一人远赴音乐学院深造，结果在学校里遇到了帅气且颇有才气的李教授（戴立忍饰）。后者利用职务之便和个人魅力，将白白诱惑进了一段难以启齿的师生恋中。

看完这部电影，最让我觉得震撼的，其实并不是这位教授的兽性（你非要说我是站在男人的立场上也行），而是白白在这段感情中所表现出来的复杂情愫——她近乎绝望地爱上了诱奸自己的人，也正如林奕含的小说《房思琪的初恋乐园》中的女主角一样。

其实，这何尝不是林奕含的内心映射呢？

恰恰是这一点，跟上文所提到的作家诺尔有着本质的区别，后者在被性侵后，内心是充满伤痛和怨恨的。这种情绪虽然痛苦，但相对纯粹，因此也更好去化解。

林奕含在采访中的话，也恰好印证了我的观点：

这是一个爱的故事。这不是一本愤怒的书，也不是一本控诉的书。

正是这样一份带有屈辱和矛盾的爱，复杂到自己都分不清的情愫，把白白逼向了自杀，把房思琪逼到了发疯，也同样把林奕含逼上了绝路。

过于追求完美的教育

毫无疑问，林奕含是一名完美主义者，因为她有着追求完美的资本：长得漂亮，学业也好，2009 年她是台南女中唯一学测满级分的学生，被媒体封为“最漂亮的满级分宝贝”；而且还是天之骄女，父亲是著名的“台南怪医”。

所以可以预料，从小的经历和接受的教育，让她对自己的要求非常高，并有着近乎洁癖的完美主义。这样的心态，用著名心理学家武志红的话来说就是，“一个完美的巨婴”。

所谓的“巨婴心理”，就是非黑即白，要么努力做到完美，要么选择毁灭。所以，她的人生更像是一份答卷——不管是一场跟爱情无关的婚姻，还是选择在小说完成后的自杀，都是一种她自认为完美的做法，她认为这样可以让自己的人生得以圆满。

当然，也让她的爸妈觉得圆满。

记得林奕含在接受采访时还这样说过："这个故事折磨并摧毁了我一生。"

但我想，真正摧毁她一生的或许不是这个悲伤的故事，而是她那充满着撕裂感的爱情，还有她的父母，以及在她父母教育下那个过于追求完美的自己。这才是我们的教育真正值得反思的地方。

抑郁，滤镜裹挟下的点滴幸福

还记得初次邂逅朋友圈的那一夜吗？

还记得第一次看到满屏飘赞的那份喜悦吗？

还记得那一年，我们逐渐厌倦了从微博那里用@的方式联系这个世界，联系这个世界的刀光剑影和红人名媛，联系那些嘈杂到近乎菜市场的光怪陆离吗？

诚然，朋友圈是一个好情人，给了我们一个相对封闭的空间，藏着我们的隐私，驻着明净的内心，好像是“疲惫工作间的星巴克，繁杂生活里的九寨沟”。

当然，更重要的是，朋友圈也让我们的社交关系保持在一个刚刚好的层面，既不会疏于交往，又不会困于人际。

只可惜，后面的故事如你所知，朋友圈的朋友越来越多，微商开始出没，广告时而抢屏，我们也开始越刷越不开心了。

我的朋友圈

在我的朋友圈里大概有 1000 多人，其中有一半是写作圈的朋友，一半则是工作上的伙伴和生活中的亲友。

记得曾有一段时间，我特别排斥朋友圈，因为每次刷完之后都不太开心，虽然时有收获，但更多的是心里堵得慌。

这位朋友春风得意马蹄轻地跑到了马尔代夫度假，那位兄弟新房搬迁郊外两居室换市区一梯一户江景楼，要不就是新加的文友新书上市卖断加印……

如此光鲜，你说我还有没有好心情继续奋斗了？

不过后来我发现，每当我先发制人地发了朋友圈后，再去刷圈，就会开心很多。

而且，每次刷圈时，我都会有意识地删除几个毫无印象的朋友——当然，有些人不方便删除，但屏蔽朋友圈还是可以的。这样做的目的很简单，就是让朋友圈保持一个有进有出的动态，心情自然会好很多。

除此之外，我还会限定一个时间，比如说 10 分钟之内能刷多少就多少，该赞评的毫不手软，看到真正的深度好文也会先收藏，回头细读。

其实，以上的玩法暗藏着某些科学的心理机制。不过，在跟大家正式揭晓之前，让我们先来讨伐一下朋友圈的两宗罪吧。

朋友圈两宗罪

首先是严重超载，而且还拼命超速。

根据进化心理学家罗宾·邓巴研究，受大脑限制，人类拥有稳定社交网络的人数最多为 150 人，最亲密的则是 7 人——这便是著名的邓巴数字理论。

也就是说，不管文明的程度有多高，人类的社交能力与石器时代都没什么两样。无奈的是，很多人的朋友圈里都不止 150 人。

安妮宝贝在其散文小说集《月童度河》里曾谈道，其朋友圈仅有十来个好友而已。

她说，自己只跟最重要的人交往。

这样的态度当然潇洒惬意，自然断舍离得彻底，但我们大多数人能做到吗？

更多时候是，上司刚发了个生日蛋糕许愿照，你能不去点赞吗？ 而且还得是 24 小时内。 公司的最新产品上线，老板转发了，你敢不转发吗？新交的女友跟闺蜜出去玩耍，发了一大堆美食，你能忘了点评吗？

此外，如你所知，现在是信息爆炸时代，我们早已习惯了马不停蹄地从身边的环境中寻找新鲜事物来刺激大脑，因为一旦缺乏这种刺激，我们就会变得疲倦、焦虑，有一种被时代和众人孤立的感觉。

这就是所谓的信息成瘾症。 正是这种症状，让我们的大脑持续超速运作、备受压力。

其次，没有比较，就没有伤害。

前阵子，有这样一个报道，说某个健身教练把手机绑在狗身上，然后让狗跑步，并把跑步的轨迹里程分享到朋友圈中，让人觉得她非常爱运动，同时还配了一张身材曼妙的自拍照。

试想一下，那些成天嚷着运动减肥的朋友看到这样的分享，是不是对自己最近的运动强度和减肥效果很失望呢？

众所周知，人类是群体动物，哪怕是孤独如《挪威的森林》里的渡边君，也会叹息道：

“哪有人喜欢孤独，只是怕失望而已。”

当然，这里的失望不只是对朋友，更是对自身现状的不满意。因为有了比较，就一定会有伤害。幸福是一个比较级，要有东西垫底才能感觉到。

而朋友圈的最大心理属性就是了解和比较，即便这种比较是建立在不真实的基础上。要知道，在朋友圈里，生活中的很多尴尬、痛苦、迷茫都在这里被裁剪、美化、滤镜化了。

正确的玩法，才能避免不开心

有些人说，朋友圈越刷越不开心，都是社交网络的罪！想当年没有微信、微博的时候，我才不会天天看着手机呢！

可事实上，不刷朋友圈了，我们就真的会更开心吗？

记得当年，我大学刚毕业不久，去了一个不错的公司，还混到了一个小领导的职位。

结果有一阵子，因为响应成功人士所呼吁的“人脉决定钱脉”哲学，我天天去参加这个朋友的聚会，那个同事的同好会……每周档期排满，疲于奔命，似乎业余时间都花在了朋友圈里，让我感觉非常累，以致后来连电话都不敢接了。

试问，这样的朋友圈，是否跟微信朋友圈类似呢？

其实，不管是线上还是线下，朋友圈都需要一个边界，需要一个质量标准系数和一个科学的刷圈方法。

至于如何才是正确的玩法，以笔者之拙见，可从以下几点入手：

1. 从被动点赞，变成主动社交

某著名社交软件公司曾做过一个实验，要求在参加实验的 80 人中，一半的人主动社交，边发个人动态边去赞评别人；另一半人则只是围观，不发任何东西。

结果表明，主动社交的人明显会更开心。 因为从心理学上来说，一旦你参与了进来，你就转移了社交压力。

2. 从不定时，变成时间固定

切勿让朋友圈随意侵蚀生活，最好每天固定一个时间来刷圈，比如说等公交车时的碎片时间，或是午餐后的某一个时间点。

当然，尽量不要在睡前刷朋友圈。如果你非要在睡前玩手机，我建议你挑选一两个自己平时喜欢的公众号，可以有预期地读一两篇好文。

3. 从漫无目的，变成有的放矢

比起漫无目的地耗费精力，有的放矢的好处是什么呢？你可以在短时间内获取信息、拉近距离、得到反馈，并成功在朋友圈里刷出存在值。

总而言之，朋友圈是一把双刃剑，用得不好，受累于此，轻则郁郁寡欢，重则心气受损；用得好，便可“海内存知己，天涯若比邻”，尽享高山流水之欢愉，刷出人生点滴之幸福。

无聊做事，方能有趣做人

真正的有趣之人，都在做着无聊之事。

咪蒙曾说过，有趣是一辈子的春药。

比起有米、有颜和有用，有趣其实更为关键。因为跟有趣的人在一起，所有的平淡都会变成生活的乐趣，所有为梦想付出的艰辛也会变成两人彻夜谈心时的下酒菜。

然而，另一位网红“和菜头”却有着不一样的意见。他说有趣是一辈子最后的春药，所以千万别迷信有趣，否则后悔都来不及。

听起来似乎是公说公有理，婆说婆有理。但不管如何，有趣在他们的眼中都等同于春药：既可以滋润爱情，又可以浇灌人生。

所以，追求有趣不但天经地义，而且合情合理。但我们却往往忽略了一点：任何有趣之人都在坚持做着无聊之事。比如咪蒙每天都在做选题和写稿，用汗水和倔强创作出一篇篇阅读量超过 10 万的文章，几乎连蹲厕所的时间都没有。

而“和菜头”也是一样，用他的话来说就是：“我总觉得自己是头驴，为了追求脑门前的萝卜，不停地前进，不停地拉磨……”

毫无疑问，他们都是真正的有趣之人，但其实都在做着无聊到近乎机械的事，夜以继日地忙碌，近乎苛刻地耕耘。

很多做无聊的事的人也很有趣

“罗辑思维”创始人罗振宇是一个有趣的人，他曾做过这么一件事，把自己 20 年后的跨年演讲门票拿出来拍卖，而且价格是随着拍卖的时间越往后越低，结果却一售而空。

但与此同时，不管多忙，他每天早上都会 6 点半起来，在公众号上发语音，而且语音的时长，都会严格地控制在60 秒。 这一习惯坚持了好几年。 有时候，一段语音要录几十次，才能没有瑕疵地掐好时间。 这可不是什么有趣的活，而是一件近乎无聊的事。

认识我的朋友都觉得我这个人还算有趣，会说几句俏皮话，玩点小音乐，也爱运动，最主要是随便动动笔杆，就能传道授业、挥斥方遒，如此人生好不惬意。

但如果说以上的评价，前半部分还算中肯的话，后半部分我可是一点都不认同。

记得上大学的时候，舍友们都喜欢打牌，对月品茶，聊学院里的花边新闻……说实话，我无时无刻不想着跟他们扎堆，共享宿舍之友谊。 但我白天要上课，要运动，要混社团……晚上如果不写点东西，怎么可能追逐文学梦，毕竟写字是这世上最没有效率的事情了，讲究的是灵感，“文章本天成，妙手偶得之”。

所以，更多的时候你会看到这样一个闷骚无聊的我：头发凌乱、双目无神、头戴耳机，盯着电脑敲着字，一夜又一夜地充当宿舍的守夜人。

因工作无聊而离职的年轻人

记得我还在上一家公司工作时，曾在校园招聘会上招过一名很不错的下属：名校毕业生，学生会副主席，专业评比多次荣获一等奖，而且一表人才。

他跟我说，虽然目前手上有好几个 offer，但最终还是决定选择我们，因为他超喜欢这份工作——可以经常跟明星大咖们打交道，去各种高端会所做高大上的活动，去五星级酒店举办各种时尚派对……好有趣的样子。

但结果，不到三个月，他就提出了离职。

原因是，跟之前想的完全不一样。比如，我们虽然会跟明星们打交道，但更多的是坐在办公室对着电脑构思文案，而不是跟明星们出去跑外景，拍合影发朋友圈。

另外，我们虽然经常到全国各地出差，在五星级酒店举办各种会议，但其实在会前的筹备期间，需要我们几乎天天熬夜，改善每一个细节……

他觉得，我们做的事不但无趣，还很无聊，又过于拼命，随时有过劳死的可能。

对此，我只好怪自己在招聘的时候被蒙蔽了双眼——

像这样一个优秀的追求有趣之人，我们这个无聊而劳苦的庙，又怎能容得下呢？

认真地搞笑

《欢乐喜剧人》是一档有趣的综艺节目，节目的口号是：搞笑，我们是认真的。

整档节目看下来，你会发现，不管是来自香港的喜剧教父詹瑞文，还是早已功成名就的喜剧元老潘长江……他们为了让节目有趣、观众开心，幕后都付出了足够的认真。

而这种认真一定是无聊的，是需要持之以恒的，甚至很多时候还是徒劳无功的。

了解谷歌的朋友应该都会知道，在谷歌的极简界面上，每天都会有一个小惊喜，那就是谷歌 Doodle（涂鸦）。其以简单、多彩和有趣的特质风靡全球。

然而，在这个看似简单但小而美的 Doodle 背后，却是一次次甚是乏味的精心修改和一行行复杂的代码——你要说这样高强度的编程工作会很有趣，打死我也不相信。

王小波曾说过：“一辈子太长，一定要跟一个有趣的人在一起。”

然而，如何才算是真正的有趣呢？

有趣绝不是天天风花雪月，烹羊宰牛且为乐，会须一饮三百杯；而是在需要的时候，夜夜挑灯奋进，吟安一个字，捻断数茎须。

正所谓人生几何，去日苦多。在漫漫人生路上，我们需要一颗有趣的心，去打扮生活，爱身边的人，但一定也别忘了用无聊的行动去浇灌梦想，追逐远方的梦。

我是一只敢于孤独的猫

古来圣贤皆寂寞，唯有饮者留其名。

——李白《将进酒》

众所周知，心理学上一直有这么个测试，问你是喜欢狗还是猫？

喜欢狗的人是 Dog Person：开朗乐观，愿意主动跟人亲近，乐于团队合作。

喜欢猫的则是 Cat Person：性格孤僻，不太合群，喜欢一个人待在角落里，或睡觉或发呆或忙碌。

这个测试后来被用烂了，大家都知道怎么回事，结果有些明明喜欢猫的人——不管是公司应聘还是相亲约会，一旦被问到，就会毫不犹豫地声称自己喜欢狗。

说实话，我曾有一阵子就是这样。

别人问我，兄弟啊，你到底是喜欢狗还是……“猫”字还没出来，我就条件反射地说“当然喜欢狗啦”！简直比巴甫洛夫的狗还要反应敏捷。

但其实每次说完之后，一种厌恶到接近恶心的感觉就会从我心底泛起。

须知道，做一只适当孤独的猫，永远要好过做一条见人就急于亲近的狗。

只有适当的孤独，从物理到心理上留有自己的空间，不急于向权威或是权贵、世俗甚至恶俗摇尾巴，才能真正独立地思考。

猫有猫品，狗有狗性

小时候，我家养过一条狗，很可爱很神气，经常跟当时同样可爱的我出去玩耍，很神气很欢快。

后来，家里的老鼠多了，于是就养了一只猫。

如你所料，猫有猫品，狗有狗性，他们之间的相处并不是很愉快，甚至可以说是针尖对麦芒。但我却无偏倚地恩宠他们：出门之时肯定带狗，回到家后就会陪猫。

后来上了大学，学业不太顺利，感情非常坎坷，文学之路也不顺畅……不知何时，我成了心理学所测出来的那种 Cat Person，任由孤独成了我的座右铭：一个人去自习，一个人去图书馆，有时候哪怕跟一大群人在足球场上狂奔，也感觉自己像是一只孤独的狼。

大学毕业后，在职场上混，我又被迫成了一个典型的 Dog Person，努力亲近身边的同事，特别是领导，领导的领导，领导身边的红人……有段时间，我几乎成了一只见人就凑上去的狗，恨不得讨所有人喜欢。

但这样的结果是非常累，而且吃力不讨好，因为这并不是一个人该有的状态。

由此可见，不管是 Cat Person 还是 Dog Person，都可能因为个人境遇的变化而有所改变。

但其实，一个人真正平衡的状态是敢于孤独，且不畏人群；有自己内心的安全区，也愿意不断地扩大舒适区。

孤独的人会发出耀眼的光芒

《瓦尔登湖》是美国著名作家梭罗的代表作，书中详细记录了作者独居瓦尔登湖畔两年多时间里的所见、所闻和所思。

这本书之所以能在 100 多年后的今天依旧畅销，是因为它成了一个象征。

这本书让我们发现了一个人与自然的浪漫，一种对理想的执着追求，还有一种人类永恒不变的希望接近自然并与之融合的愿望。

毫无疑问，独自生活在瓦尔登湖畔的梭罗是孤独的。但其实在内心层面，他却比同时代的绝大多数人更丰富。

大家应该听过这样一句话吧？

我从没有见过一个不孤独的人会发出耀眼的光芒。付出不一定马上就有回报，除非他是钟点工。

这是大名鼎鼎的微信之父张小龙的名句。但你可能不太清楚，他说这句话的时候，是在微信成立刚刚三周年之时，那时的微信一点都不火，斗不过 QQ，也搞不过短信，甚至飞信和 MSN 都可以与其分庭抗礼。

可现在呢？ 那些曾在各路混战的诸侯们，如今都在何方？

敢于孤独，才能成就不孤独。 心中无敌，方能无敌于天下。

第二章

事业与工作

——做一件事，何必慌张

走得越远，越高处不胜寒

“你懂得越多，你就越像这个世界的孤儿。

走得越远，越明白这个世界本是孤儿院。”

2014 年的冬天，我还在东莞。那是一个因为工厂和酒店闻名全球的城市。我在那里待了两年多，见证了大小工厂的倒闭（其中包括几万人规模的诺基亚工厂），也见证了酒店业的日益萧条。

2015 年，我如愿回到了广州。但这个我曾经熟悉了好多年的城市，如今却显得异常陌生。朋友们变了，地铁里的人多了，连小区门口那个腼腆的小保安也脱单了……

这意味着，我必须重新适应大城市的生活，这种每天上班都需要一个小时路程的生活。 要知道，以前我只需要 5 分钟就能从家步行到公司。

所以，如你所料，我感到异常之累，身累、心累和各种累。 偶尔起得早，实在不想挤地铁时便开车上班，可为了省 16 元一小时的停车费，我需要绕到很远的地方停车。

一年不到，我的体重从 130 斤有余，降到了不足 120 斤，这意味着我已经习惯了这片弱肉强食的都市丛林。

然而，山不转水转，水不转人转，因为种种缘故，我再次跟广州分手。

2017 年的秋天，我已经在杭州待了一年有余。

因为换了一个省，也换了份工作和活法，我的文学路也随之产生了巨大的变化。 与此同时，很多朋友因为距离太远而断联，我也有了心安理得的借口。

所谓“上有天堂，下有苏杭”，杭州这座天堂般的城市四季分明，夏天最热的时候能原地自燃，冬天则比广州冷很多，可惜还没有见到雪。

行走在这座逐渐熟悉的城市，我偶尔会怀念广州的高楼大厦，南方的美食小巷，广州地铁三号线里每天早上都

你懂得越多，

你就越像这个世界的孤儿。

走得越远，

越明白这个世界本是孤儿院。

能看到的麻木疲惫的表情，以及那些还在那座城市乐此不疲地追求着更好生活的朋友。

总的来说，最近三年，我马不停蹄地换了三个城市，生活在动荡中，朋友也是换了一茬又一茬。曲终人散，人走茶凉，人来人往……各种词汇所表达的感情，我都在一一体会着。

其实这三年也是我成长之路的缩影。这一路走来，我或主动或被迫地丢了不少朋友，具体来说，有以下三类。

第一类：利益之交

这类的朋友就像是水，不可或缺。“天下熙熙，皆为利来。天下攘攘，皆为利往。”他们可能是绿茵场上的球友、读书时的同学、工作后的同事、旅行时的同伴……总之，这类朋友最容易交到，也最容易丢掉，天下之事以利而合者，亦必以利而散。

因为工作的关系，我曾认识一个老板，北京大学的毕业生，白手起家，身家过亿。他给人的感觉就像是生死之交，就像是拜把子兄弟：工作出行宝马 X6 接送，生活有难他会热情地帮你搞定，哪里有什么美食美景他会第一时间以各种理由邀请你……可当我离开了那家公司之后，就再也没接到过他的电话和朋友圈的赞评了。

第二类：情谊之交

这样的朋友像是一壶好茶。比如从中学的笔友，到大学的舍友，再到毕业后相识的知音……他们不是以利相近，而是以心相吸，所以总能够散发出沁人的香味，可以养胃、暖心，驱散漫漫人生路上的阴霾。

然而，有些人，或因为生活所迫，慢慢地走丢了；有些人，则因为成家立业，不方便聊天瞎混了；有些人，来不及告别就莫名其妙地离开了；甚至有些人，一场意外就离开了这个世界……

第三类：红颜之交

这类的朋友，也包括爱过的人，就像是酒，能够暖心，亦能伤心；能够醒神，亦能醉人。她们好像山间的风，带来过阳光下的欢声笑语，也带来过风雨中的离别之痛。

然而，她们给我的美好回忆就像是酒一样越久越醇，她们曾给过的伤害则随着时间的流逝而消逝。“若他日相逢，我将何以贺你？以眼泪，以沉默。”

有人说，一个人一辈子大概可以遇到2920万人（也不知道是如何统计出来的），所谓的流金岁月，也是朋友不断流逝的岁月。每一类朋友，都有自己的光，聚散总有时，惜缘随缘莫攀缘。

韩寒曾说：“你懂得越多，你就越像这个世界的孤儿。走得越远，越明白这个世界本是孤儿院。”

确实，人越长大会越孤单，认识的人越多，深交的人越少。走得越远，越觉得自己是个孤儿。

所幸，余生还长，理想未老，错过的人终究会重逢，新的朋友也总是会不经意地出现在转角的阳光下。

坚持足以脱贫，天赋方能致富

坚持在一个行业里，扎扎实实，任劳任怨，确实足以让我们过好，成功脱贫；但懂得选择，懂得发挥自己的天赋，我们才会真正地为热爱而工作，继而成为行业里真正有影响力的人。

还记得大学毕业前夕，学校会邀请各行各业的职场精英来校分享职场心得、成功经验，做我们的领路人。

那时候，听到最多的一个说法就是，刚毕业的时候不要太计较钱。任何一个人，只要能在行业内沉淀下来，都能够成为这个行业的专家，也一定会变得富有。还说只要能沉得住气，不瞎跳槽，毕业第五年的月薪往往多于毕业第一年的年薪。

类似的说法我后来也听说过，叫作“10000 小时定律”——不管做什么事，只要能坚持 10000 小时，都能成为行业中的顶尖高手。

然而如今我发现，这个理论有着很大的漏洞，一些工厂流水线的工人每天坚持工作 16 小时，不到 3 年就能凑够 10000 小时，可还是只能做工人，并且担心着随时可能被机器人替代。

的哥坚持每天开 10 小时的车，开个几年，也依旧是开车而已。

所以说，坚持在一个行业里，扎扎实实，任劳任怨，确实足以让我们过好并成功脱贫；但懂得选择，懂得发挥自己的天赋，我们才会真正地为热爱而工作，继而成为行业里真正有影响力的人。

盲目的坚持，是一种懒惰

我有一位师兄，毕业后先去了广告公司，后来去了小企业、中型企业……终于在毕业 5 年后进到了一直想要进的行业第一的外企。 毕业 11 年，他也如愿以偿地成了这个公司的总监，每天出入高档的写字楼，每月在全国各地飞来飞去，每年的年底分红都很不错。

我们都对他的成功感到羡慕，更为他这些年来的坚持而点赞。 要知道，他大学的专业可是生物技术，跟营销完全搭不上关系，他的个性也是偏内向，不太爱交际，所以他比别人更加努力才走到了现在这个高度。

后来有一次大家一起出去吃饭，晚上我顺路送他回家。 在路上，他告诉我，虽然现在表面看上去非常光鲜，但他却感觉越来越累，也越来越不开心，觉得自己每天像是一个陀螺一样不停地转。 他现在总是有辞职抛下一切的念头，可一想到坚持了这么多年，吃了这么多的苦，好不容易才混到现在这个高度，他不想放弃。

他最后得出这么一个结论，其实他的天赋并不适合在职场打拼，而是更适合搞科研或是在大学做研究，而现在，别人轻易可以走到的地方，他需要花费比别人多几倍的力气。 如果他用这些力气做自己想做的事，做自己真正擅长做的事，他的人生一定会比现在绚丽，也一定更为自由。

如你所知，一头牛，经过千辛万苦的训练，或许真的能在牛群里跑得最快，甚至还能跑过一些马，但绝大多数的马还是能够轻易地跑过它。

也就是说，在人生这条路上，坚持不懈地努力很重要，但更重要的是知道自己到底是头牛还是匹马。 如果是头牛的话，搞清楚自己是奶牛还是水牛也非常重要。 否则，你再怎么坚持喝水，也挤不出多少的奶，结果只会事倍功半，庸碌一生。

心理学家说，盲目的坚持其实是一种懒惰，也是一种逃避。

因为只要不断地低着头往前走，我们便可以心安理得地不用考虑前行的方向，我们夜以继日地让自己的身体疲惫到无力思考，以掩饰自己在生活中的种种失落、痛苦和绝望。

总而言之，在人生跋涉的路上，拼的是耐力，更是天赋。 每个人最重要的都是找到自己的优势所在，随后坚定地朝其努力。 发挥自己的长处，我们才会走得更远、飞得更高。

当然，年少不更事之时，碍于生计做了错误的选择也没有关系，我们只要果断地停下来重新选择就好了，余生很长，何必慌张。 正如《月亮和六便士》中的思特里克兰德， 40 岁之后才发现自己的天赋是画画，随后义无反顾地坚持，最终成为一代大师。

心理学家说，盲目的坚持其实是一种懒惰，也是一种逃避。

如何成为一个没有时间观念的人

“8点多了，快快快，再不出门就迟到了!”

“半小时内把PPT做好！大老板要看!”

“真是度日如年啊，还有1小时23分钟30秒才下班。”

……

不知从何时起，我们的生活被时间分割成了一个一个的片段。我们的工作、爱好、作息、欲望都由一个又一个的deadline（最后期限）所组成。

在片段和deadline中，我们像是一个停不下来的陀螺，焦虑而固执地旋转着，学习，工作，约会，结婚，生儿育女……直到彻底退休的那一天。

时间的概念本来是不存在的

我们感叹时间如流水，岁月如飞刀，并顺理成章地成了时间的奴隶，但却忘了时间这个概念本来是不存在的。

据说，柏拉图是史上第一个借助埃及的漏壶制成闹钟的人。

他把一个圆筒挂起来，使它可以旋转，过一定的时间，圆筒便翻倒，把水倒出，水又流往一个哨管，水流的冲击造成的气流就会使哨管吱吱作响。 每隔同样的时间，闹钟便准时地“吹响”，这相当于上课铃，柏拉图的学生们听到后便会前来上课。

这种计时方法持续了几千年，一直到时钟和手表的出现。 1806 年，拿破仑为皇后约瑟芬特制了一块手表，这是目前知道的关于手表的最早记录。

正是从那时候起，时间从头顶转移到了手腕，同时也无可救药地开始占据每个人的心智。 随着工业文明的开启，越来越多的朋友被“时间”困在了三班倒的流水线上，困在了耸入云端的写字楼格子间，困在了一个又一个汽车站、火车站和飞机场的等候室里。

我们夜以继日地奋斗，披星戴月地奔忙，然后被告知要想成功就要做一个有时间观念的人，却没有人跟我们说，成功未必跟幸福有关。

在好莱坞电影《时间规划局》里，描述了一个虚构的未来世界。人类的遗传基因被设定停留在了25岁，一旦到了25岁，所有人最多就只能再活1年，唯一继续活下去的方法，就是通过各种途径，比如说上班、投资，或者偷盗，甚至抢劫，来获取更多的时间。也就是说，时间成了这个世界的流通货币。

如你所知，这是一个有着强烈讽刺意义的故事，也正如荣获了雨果奖的小说《北京折叠》里所描绘的那样，作者把这个世界分成了三个空间，每个空间所占的时间都不一样，所谓的一流的上层人，享用最多的时间和最好的生活环境。

从以上的故事中，我们似乎可以得到这样一个结论：在这个社会里，时间只是上层人的奢侈品；对穷人来说，我们只能为了一日三餐而疲于奔命。

可事实真的如此吗？皇帝就一定比草民有更多的时间吗？我看未必。

要知道，时间对任何人来说都是公平的，真正的衡量标准应该是我们的内心——我们可以选择到底是做时间的主人，还是做时间的奴隶？

你最近一次没有时间观念是什么时候？

是在念大学时，跟初恋女友从黄昏走到月下？

还是中学时候的暑假，你骑着单车，迎着阵阵的夏风，穿越半个小城去找一张张国荣的旧唱片？

抑或是小学的时候，你跟小伙伴走在乡间的小路上，听着蝉声和风声，去林中的小溪里捞鱼？

其实，我们可以发现，当一个人没有时间这个概念之时，往往最幸福。心理学上，有一个叫作“心流”的概念，指的就是当我们进入到了一个完全忘我的状态，就纯粹地进入到了潜意识里，而这个时候的创造力是最强的。

所以最近我也学会了一种新的生活方式，这是一种完全没有时间观念的生活方式。一般是在周末的其中一天，我会关闭电脑右下角的时间栏，把手机的时间随意换一个时区，然后家里也没有闹钟。

在这一天里，我会睡到自然醒，然后爬起来做最想做的事，感到疲惫之后就换一件事做。我只看天吃饭，而不是看是不是到了 12 点。 我就着夜色、困意和亲人的晚安声睡觉，而不是看是否到了每天固定的睡觉时间。 如果跟朋友有约，我也不会约定几点，而是约到月上柳梢头，或是午后阳光下。

一天下来，虽然没有了时间这个概念，但我做事的效率非常高，我能够感觉到一种从未有过的充实和真实，离心的距离也更近。

诚然，在目前这个社会，悠然见南山的生活一般人难以想象。 梭罗在瓦尔登湖畔一待就是两年的日子，大多数人也无法实践。

但或许，我们也可以偶尔让忙碌的脚步停下来，让自己真正地为自己而活，做一回没有时间观念的人。

王小波曾说过，一个人拥有此生此世是不够的，他还应该拥有诗意的人生。

至于什么叫作诗意，我相信每个人都有自己的理解。而我的理解就是，一段没有强烈时间观念的人生，一个深爱的好姑娘，一起日出而作、日落而息，在余生“一起虚度短的沉默，长的无意义”。

比知识更重要的是认知

世界的演化不是遗传，而是突变。

——罗振宇

很多世界知名大学不再只教授纯知识

有一个很有意思的短句，叫作“拿了橘子就跑”，即“knowledge is power”的英文发音汉化。不过现在，我们不能只拿了“橘子”就跑了，因为仅有知识不足以产生足够的力量。

知识，不过是一种没有壁垒的力量而已。这也是越来越多的世界知名大学，开始不再只教授纯知识的原因，比如说在哈佛大学，就有以下三种类型的课：

一、知识教学

这种课大家都非常熟悉，因为是我们经常上的，有时候搞得像小型演唱会一样，上千人同时听课——其实，这种课一旦现场互动得少，就跟网上看公开课一样，差别就是点不点名和睡觉被不被人叫醒而已。

二、研讨会

一般在 10 ~20 个人之间，规模小而美，老师提出问题，学生进行讨论，反馈讨论结果，开放式的陈述，一般没标准答案——听起来像不像两千多年前的古希腊哲学家苏格拉底经常在大街上做的事？

三、纯讨论课

该课堂以学生为主，是一种更为深入的互动式交流。老师更多的是充当一个组织者的角色，必要时才提供帮助。

在以上的三种课中，第二种是哈佛大学最为重要的教学模式，英文名叫作 Seminar。也就是说，哈佛大学的老师们已经变得越来越“懒”了，不再教具体知识，不再使用陈词滥调，更不愿意做人工催眠器了。

当然，知识点还是要学的。只是你可以自觉地在家阅读、上网搜索、刷朋友圈，甚至听网红直播……各种途径，任君挑选。想蜻蜓点水，还是用心钻研，也是看个人的兴趣而定。

正是这种越来成为主流的教学方式，让哈佛大学培养出这么多影响世界的人物。

认知、学习、协作能力更重要

比起纯知识，更重要的是认知。一个人，只有认知能力强，才能更容易看到事物的本质和轨迹。

我有个学妹，刚刚大学毕业，她跟我说她自觉一无是处，不知道找什么工作。

因为她学的是中文，四年来学得都是中国古代文学、中国现代与当代文学、外国文学、文艺学、语言文字学等，除了去当老师，好像别无选择。而她最不喜欢的就是

世界的演化不是遗传，而是突变。

——罗振宇

当老师。

我让她不要担心，现在的企业是越来越不在乎你的知识背景了，更别说你是应届毕业生了。

结果，几个月后，学妹已经找到了好几份不错的工作。她最终选择了一家行业内数一数二的新媒体公司，在深圳上班，月薪4000多元且包吃住。

其实类似的情况正变得越来越普遍。

我有一个在外企做人力资源总监的朋友，主管人才招聘。她以前天天面试，忙得几乎脚不沾地，有时候周末都要开视频会议。

可现在，她几乎天天都准时上下班，经常还能在朋友圈看到她晒一些外出旅行照，而以前她每年15天的年假都没有办法休完。原因很简单，用她的话来说就是，现在公司对人才的理念有了方向性的调整，不再重点考核知识背景，而是主要考察一个人的认知、学习和协作能力。考核这些的话，面试效率其实非常高。

在《理解未来的7个原则》一书中，作者丹尼尔·伯勒斯曾说，不管是做企业，还是个人生活，最重要的不是处理危机，而是要洞察先机。

只有洞察了先机，危机才能变为转机。而知识只能帮你应对眼下的问题，认知才能帮我们洞察到先机。

为学日益，为道日损

伏牛堂创始人张天一是90后创业代表人物。在一次创业心得分享中，他提出了一个让人大跌眼镜的观点：上课千万千万不要学知识。

他说，出于一种害怕被市场抛弃的恐惧，他曾进行了大量的商业、创业课程的学习。但那些课程总给他一种感觉：都是在用概念解释概念、用现象解释现象、用趋势解释趋势，不学则已，一学就乱，上课时听得热血沸腾，回到公司却发现根本没法应用。

对此，他开始反思，花这么多钱和时间，上这么多课，进行这么多的学习，难道不对吗？

直到后来，在跟几位业界明星企业家交流后，他才恍然大悟。其实去上课真正要学的不是知识，而是洞见（也就是提升认知）。这种洞见的习得快感是一种绝妙的超体验。这样的感觉，不为学，只为道。

老子在《道德经》中曾说过：为学日益，为道日损。

意思是说，知识是越学越多，也越学越杂乱；而事物的大道，则是越学越少，越学越精纯。

在金庸的小说《倚天屠龙记》里，讲到武当派遭遇强敌围攻，张三丰需要教张无忌太极拳来退敌。张无忌非常头疼，因为时间仓促，而且大敌当前，一下子记不了这么多招式。可没想到的是，张三丰跟他说，太极拳的精髓不在于你记得多少，而是在于忘了多少。等你把所有的招式忘掉，就真正的学会太极拳了。

所以，最近经常有人问我，为何这阵子写的干货越来越少，励志故事却越来越多，原因很简单：所谓的干货只能传播随时可能贬值的知识，而励志故事却能真正提高一个人的认知能力，正如作家丹尼·皮克所说：

故事最重要的目的不是告诉，而是引导我们去思考，所以才是影响与说服的最佳工具。

女性真的不适合做领导？

做女人难，做女领导更难。

众所周知，在中国的历史上，曾经有两位权倾天下的女领导：一是武则天，二是慈禧太后。

武则天的故事大家一定都很了解吧：中国唯一的女皇帝，长年盘踞于热门历史话题榜，毫无疑问的超级大 IP ，同时也是各大古装剧的常客。

虽说武则天为达目的不择手段、心狠手辣，但总的来说，她也取得了一定的历史功绩：前后执政近半个世纪，开创了唐代文明的新时代，上承“贞观之治”，下启“开元盛世”，史称“贞观遗风”，历史功绩可谓是昭昭于世。

而另一位女领导——老佛爷慈禧太后，后世评价就是天壤之别了：丧权辱国的条约她无奈地签了一个又一个，一个泱泱大国被她管理得风雨飘摇。

总的来说，历史上，比这两位女领导做得好的有一大堆，比她们坏的也不少，但为何偏偏她们引来的质疑和谩骂多如牛毛？

原因如你所料，因为她们都是女领导。

不可否认，时至今日，无论是在商场还是政坛，女性力量的崛起，已经成为一个全球公认的事实。

有人认为，随着女性政治地位的迅速提升，21 世纪正不可逆转地成为“她世纪”，因为政治直接影响着民生，其中的代表人物莫过于德国总理默克尔。

再环顾商场，从碧桂园的杨惠妍，到格力的董明珠，再到 Facebook 的首席运营官雪莉·桑德伯格……无不彰显了女性所特有的领导魅力。然而，在这些成功女性的背后，又藏着多少的辛酸和苦涩？而对于更多有志于事业有成的女性同胞们来说，她们又是否有足够的智慧，去平衡好工作和家庭呢？

如何做好女领导

据《哈佛商业评论》某期的专题研究表明，女性要想很好地打造领导力，需要做好以下三点：

1. 认识第二代性别偏见概念

首先得承认目前性别方面的隐性歧视无处不在，而不是故意忽视。故意忽视其实是逃避，是假装看不见，是假女权主义。

2. 创建安全的“身份认同工作区”

如果可以选择的话，尽量不要在阻力太多的环境下工作，这样不利于自己真正地把精力聚集到领导力的建设上。

3. 锁定领导目标

需要具备坚定的目标性，并且需要持续围绕目标积累过硬的相关技能。

对于以上三点，作为全球最成功的女性之一，Facebook首席运营官雪莉·桑德伯格也非常认同，而且她还特别补充了非常重要的一点：找到对的爱人，处理好家庭关系，在家庭内部尽量实现男女平等。

另外，在谈到女性职场压力的某次采访中，雪莉·桑德伯格还特别引用了股神巴菲特的一句话：他之所以能取得这么大的成功，原因之一在于他只需要和这个国家的一半人口——男性进行竞争。

这句话充满着智慧，也折射出了当下女性成功之路的不容易。不过就目前来看，这种情况依旧很难在短时间内有所改变。

脱单和脱贫，先选哪个

金钱的匮乏，会直接导致一个人的认知和判断力下降，思维方式也会随之受到影响。

一个人在社会上打拼，既不宜单身太久，也不宜穷困太久。

然而，两相比较，在这个虽然功利但还算公平的时代，脱单不如脱贫。

其实贫穷给人的最大伤害，并不是像卖火柴的小女孩那样，肉身饱受饥寒之苦；也不是为了生计而必须承受种种艰辛，“二月新丝五月谷，为谁辛苦为谁忙”，而是贫穷会让一个人的心态和思维潜移默化地受到侵蚀。

对此，哈佛大学教授穆莱纳森（Sendhil Mullainathan）和普林斯顿大学教授沙菲（Eldar Shafir）有过长年的研究。

其研究表明：金钱的匮乏，会直接导致一个人的认知和判断力下降，思维方式也会随之受到影响。

因为一个人如果长期贫穷，为满足生活所需，就不得不精打细算，继而培养出所谓的“稀缺头脑模式”。这一模式会让我们慢慢失去决策所需要的心力、认知力和执行控制力，从而变得愚笨和冲动，更别说长远发展的大局观了。

而且最要命的是，这种伤害还将是长期的。长期到哪怕有一天你突然中了500万元的彩票，也只是短暂的富足而已，甚至还会在钱花完后过得更加糟糕。

贫穷会改变思维模式

诚然，富人堆里有为富不仁的，有六亲不认的，也有仗势欺人的……但比起他们，我更怕的却是那些因为穷太久而身心俱瘁，以致思想都变得非常极端的人。当然，也包括我自己。

记得刚大学毕业时，我找了一份还算光鲜的工作，公司地处城市 CBD，位于超甲级写字楼，待遇也是中等偏上，但工作的内容却机械而乏味，无聊到让我难以忍受。

后来实在受不了了，我就裸辞后随便去了一家总人数还不到 10 人的广告公司。

记得我当时的工资只有 1800 元，而我那时的房租是一个月 700 元（按之前的工资标准租的），加上水电物业费 200 元，剩下的 900 元则需要搞定交通费和伙食费，以及偶尔约女孩看电影和吃饭的费用。

所以你可以想象我当时有多穷，有很长一段时间，我都是早上吃包子，中午吃早上吃剩的包子，晚上吃各种口味的泡面。

这段经历使我有了一个很大的感触，那就是人在很穷的时候，偶尔会有愤世嫉俗的情绪，甚至会感觉自己变成了一根沾满了汽油的干柴，只要有点火星，就会怒火燃烧。

记得有一回，老板带我们去客户那里商量提案，去的时候他就跟我说了两次，“你看看你这鞋，都这么旧了，下次该换了”。

回来的路上，他又说了一回。我当时火气就上来了，要不是想到晚餐还没吃（提案成功了，老板要请大餐），真恨不得立刻脱下臭鞋砸在他脸上。

由此可见，穷太久对一个人心智的伤害有多大，哪怕是像我这样的素来温和乐观且受过高等教育的无害书生。

不要让金钱影响你的三观

所以说，在这个功利而公平的年代，与其苦心孤诣地想着脱单，倒不如踏踏实实地先脱贫，特别是在一个人年轻的时候。

古语有云：莫欺少年穷。

年轻的时候，刚进社会，只要不是富二代，基本上都是两袖清风，都是潜力股，所以穷一些无所谓，没准儿还能转变成一种动力，让你很快地扭转处境、成功突围。

真正有所谓的是，一直抱有穷人的思维，不经意地走过葱茏而充满激情的年轻岁月。

这样的人很容易掉进马太效应的怪圈里——穷者越

金钱的匮乏，

会直接导致一个人的认知和判断力下降，

思维方式也会随之受到影响。

穷，一辈子都难以走出贫穷的沼泽，最后还怪这个社会不给他机会。

电影《当幸福来敲门》里，男主角是一个濒临破产的黑人青年，妻子因无法忍受长年贫困而毅然离家出走，剩下他跟儿子相依为命。但跟其他人不一样的是，变成了单亲老爸的他开始树立起坚定的信念、一种对梦想的执着，并愿意付出努力，最终成功地脱贫。

值得一提的是，这部电影其实是根据美国传奇黑人投资专家克里斯·加德纳（Chris Gardner）的真实故事改编的。

有这么一句话说得好：

只有当钱不再影响你的世界观和爱情观时，你才有资格谈诗和远方，才有资格触及爱情的本质，也才有资格去选择回归岁月静好、云淡风轻的日子。

确实，太年轻的爱情往往不是爱情，而是荷尔蒙。一个人如果没有脱贫，就急着去脱单，就很容易会因为贫穷所带来的思维局限而找到一个其实不太匹配的人，结果只会怪相遇太早，甚至后悔终生。

至于一个人到底该如何脱贫，哈佛大学的教授给出了这样一个“穷人翻身大法”：

如果一个人的内在充满着金钱的富足感，即便他现在看起来是个穷人，但因为能摆脱“稀缺头脑模式”，便能够像富人一样思考，懂得克己自律，克服短视和急功近利，能够为长远的未来进行规划和发展。这样一来，金钱一定会在不久的将来眷顾他。

对此，我感同身受。虽然要想真正地致富，成功地突围，或者说实现财务自由，确实很难，但如果只是想脱贫，还是比较容易的。

就我个人的拙见，只要做好以下三点就行了：

（1）尽可能地接受高等教育。

（2）尽量在能发挥自身优势的地方努力。

（3）对所做的事保持一定的坚持和专注。

最后，想补充的一点是，正所谓情缘路窄，缘起缘灭，倘若你恰好于江湖闯荡中遇到了心动之人，在未真正脱贫前就有了脱单机会，也一定要注意：千万不要找一个有着穷人思维的人，与其高估自己的爱情，结果含恨脱单，倒不如低估一下自身的能力，踏实脱贫。

太年轻的爱情往往不是爱情，而是荷尔蒙。

第三章

爱情

——爱一个人，何必慌张

勇敢放手，那个优秀的你还在

“以积极的心态去结束一段失败的恋情，是下一段爱情成功的关键。”

众所周知，离婚是一件极其痛苦的事，特别是对被动离婚的人来说会有一种被全世界抛弃的感觉。

正是这样一份“人生分水岭”式的极端体验，让无数的善男信女感受到了世界满满的恶意和世间凉薄的人情。

然而，在劫后余生多年，有多少人依旧耿耿于怀？又有多少人能够真正放下内心芥蒂，一笑泯恩仇呢？

人生的成全只能靠自己

说起民国大才子徐志摩，大家第一时间想到的一定是他跟林徽因那段浪漫的康桥之恋，“我挥一挥衣袖，不带走一片云彩”。

结果还真没留下什么云彩，林徽因终究没答应比自己大七岁的徐志摩。而徐志摩也算是为爱牺牲，在 1931 年 11 月奔赴林徽因演讲会的路上不幸坠机，也因此留下了一段“一生只求在最美的年华遇到你”的佳话。

然而，世人往往只记得那些浪漫的桥段，殊不知这段感情的背后，一直就藏着另外一个女人，被称为“民国第一前妻”的张幼仪。

张幼仪在 15 岁的时候就嫁给了徐志摩，两人的结合看起来是无比的般配，张家有势，徐家有钱，传统的政商结合，门当户对。

然而对张幼仪来说，却仿佛在一夜之间进入了人生的寒冬。因为在浪漫多情的老公眼中，自己就是一个不折不扣的土包子。之后，她在婚姻中完全失去了自己，努力去迎合、去改变，可她感觉怎么做都是错，怎么做都讨不到徐志摩的欢心。

后来，张幼仪追随徐志摩奔赴英国，原本想着可以结束异地恋，让徐志摩也收收心。可没想到，来到异国他乡的她却遭遇了人生中最沉重的打击：在怀有两个月身孕时被逼离婚；几年后，心爱的儿子彼得更是不幸离世，人生自此跌至谷底。

所幸的是，回国后的张幼仪慢慢走出了离婚和丧子之痛，并且通过自己的努力，成为成功的女银行家、企业家。更重要的是，她也告别了单身，重拾了爱情，并跟第二任丈夫幸福地生活了几十年。

记得后来，张幼仪曾这样说过：我要为当年的离婚感谢徐志摩，若不是他的无情，我可能永远也没办法找到自己。

确实，人生的成全靠谁都没有用，只能够靠自己。感情中，最有力的回击从来就不是拼命纠缠，更不是鱼死网破，而是停下来擦干眼泪，重新上路，活出自己。

在电视剧《我的前半生》里，罗子君被老公陈俊生抛弃，几近崩溃。过惯了富太太生活的她，重新回归油盐酱醋的小日子，从当年出入奢侈品商场趾高气扬地买鞋子，沦落到了做售货员卖鞋给前夫的新欢，彻底地完成了从女皇到民女的转变。

所幸的是，她靠着自己的努力，重新杀出一条血路，并最终活出了自己喜欢的样子。而前夫在兜兜转转之后，看透了新欢，悔不及当初，希望跟她再续前缘。

而这时的罗子君，已经有足够的底气去选择自己想要的生活了，活出了真正的自己。

也正如贺涵所说的那样，一个人不管离了多少次婚，最重要的是最后的感受到底是更好了还是更坏了。起码在他的眼中，离婚后的罗子君比以前那个只会买买买的女人好太多了。

这就是离婚给罗子君带来的最大成长，让她完成了完美的蜕变，而这种蜕变也足以让她感谢陈俊生当年的离婚之恩。

若他日相逢，我将何以贺你

这是一个离婚率高涨的年代。美国的离婚率常年盘踞在50%以上，而中国的离婚率也是逐年攀升，跟房价一样涨幅惊人，其中北上广深这四大城市涨幅居前。

以积极的心态去结束一段失败的恋情，

是下一段爱情成功的关键。

这是否就意味着大城市的人对婚姻更加不忠诚？ 我看未必。

更重要的原因是，大城市人更多，机会也更多，人们也更有勇气去结束不合适的婚姻，而不像城镇农村的一些宿命鸳鸯，哪怕爱人家暴或是出轨，也宁愿一辈子锁在一起。 因为她们害怕离婚，害怕重新一个人，严重的还有从属心理，觉得跟过一个男人了，就一辈子跟定了，这是自己的命。 当然，有些男人也是一样，生怕离婚之后就一辈子打光棍了，所以拼命绑在一起不放手，哪怕最后走上了不归路。

殊不知，离婚的伤痛只会持续一阵子，不合适的婚姻毁掉的却是一辈子。

记得有这么一句话：痛苦本身不是财富，对痛苦的思考才是。

同样的道理，离婚之痛也不是财富，对这份痛苦的积极思考和乐观行动才是人生的一笔巨大财富，也正如心理学家武志红所说：

“以积极的心态去结束一段失败的恋情，是下一段爱情成功的关键。”

所以说，一辈子这么长，人来人往，缘起缘灭，遇人不淑、不合适、不投缘也属正常，但敢于直面背叛、分手离婚的朋友却不多，而那些真正能把离婚之痛转变成分手之恩的人，才是自己幸福的书写者。

“若他日相逢，我将何以贺你？以眼泪，还是以沉默？”

都不是，以喜帖，以上万字的感谢信。

一个人久了，是会上瘾的

以前喜欢一个人，现在喜欢“一个人”。

夏夏是我的一个好朋友，目前在工商银行广州分行做大客户经理，毕业至今也有十年了，可还是没有找到男朋友。

刚开始几年，她还是挺用心去找的，让每一个朋友介绍，不放弃任何一个派对，去尝试各种相亲网站，几乎每周都呼朋唤友，组织一场或爬山或游江的团队活动……结果还是没有找到如意郎君。

慢慢地，不知从何时开始，她习惯了一个人：一个人下班吃饭，一个人周末去看电影，一个人跑到西藏旅游，一个人发烧了去医院打针，甚至一个人赚钱在广州的 CBD 买了套大房子，而且还一个人搞完了装修。

原来要好的闺蜜们，慢慢地选择性疏远了，因为人家聊的话题越来越多地跟爱人有关、跟孩子有关、跟婆媳矛盾有关……甚至有关“老公出轨”的话题都能够刺激到她，让她觉得对方在晒幸福。

她跟我说，现在已经不再尝试主动开始一段恋情了，反正一辈子怎么过都可以，就是不想“难过”。

其实，在当下这个社会，已经有越来越多的人像夏夏那样，或主动或被动地喜欢上一个人的感觉，对一段新的恋情不再憧憬，对一个新的恋人不再期盼。

一个人是容易上瘾的

在电影《天下无双》里，有这么一句话，一直深入人心：

“很多时候，一个人爱得太深，容易醉；一个人恨得太久，心也容易碎。”

如今看来，这句话应该补上一刀：一个人久了，也容易上瘾。以前喜欢一个人，现在喜欢“一个人”。喜欢一个人的精彩，享受没有人的喝彩。

从心理学上来说，一个人之所以会从喜欢一个人慢慢地转变成喜欢“一个人”，很大程度是一种从身体到心理的自我保护。

因为你心有阴影，疏于交心，害怕别人会再次伤害你，结果变得越来越谨慎，越来越不敢爱，越来越习惯了独自面对，面对人生的云卷云舒。这样一来，你对一个人的生活也顺理成章地上瘾了。

此外，科技的进步以及网络的普及也给一个人的生活提供了更多的便利。当然，整个社会也对单身一族更具包容性。

据《中国新闻周刊》报道，目前中国的单身成年人口数量已经超过2亿，主动选择单身的人明显增多。而全国的独居人口已从1990年的6%上升到了2015年的15.6%。如今有超过5000万的年轻人正享受着一个人的生活。这也意味着，中国即将迎来一个空前庞大的单身潮。

与此同时，国外的调查数据则表明，每 7 个美国成年人里就有 1 个人独居；日本则有 30％左右的住户为独居者；而富裕的北欧国家更是典型，瑞典、挪威、芬兰、丹麦等国家，有 45％的住户为独居者。

在《单身社会》的作者艾里克·克里南伯格看来，经济不过是形成单身浪潮的诸多原因之一，而其根源还在于世界性的文化变迁，即个人主义的兴起。

所以越来越多的人觉得：个人最主要的义务在于对自身负责，而非对他的伴侣或者孩子负责。

这里所说的个人主义者，跟宅男宅女有很大的不同，也不是数十年不出门且专业啃老的“蛰居族”。大部分的单身族还是愿意走出家门跟人交往并为家庭付出、为国家的 GDP 做贡献的，只是他们排斥婚姻，或是排斥跟另一个人有着长期的亲密关系而已。

如何判断是否一个人上瘾

到底该如何判断一个人对单身状态是否已经上瘾了呢？以下这几点可供大家参考：

（1）除了偶尔寂寞外，大部分时间还是挺开心的。

（2）对所有的节日都没什么期待。

（3）因为怕伤害，所以懒于去恋爱，懒于去了解人。

（4）越来越喜欢听歌。

（5）看到相貌不错的异性，生理吸引，内心抗拒。

（6）会更爱花钱。

（7）会比以前更爱父母。

（8）会养成一个怪癖（如收集狂、网瘾症等）。

（9）觉得爱情和婚姻越来越不重要，钱和事业越来越重要。

（10）会经常喜欢出去旅游。

（11）学会了只和别人分享开心的东西。至于不开心的，太多了也就懒得去叨扰别人了。

如果上面这11条的一半以上跟你的生活习惯相匹配，则说明你已经上瘾了；中了7条，则是中度上瘾；9条以上的是彻底成瘾，非单身主义者莫属了。

当然话说回来，一个人的生活也未必就是孤独寂寞冷，一个人的江湖也可以丰富多彩、幸福灿烂。这只是一种“萝卜青菜各有所爱”的生活方式而已，别人无权干涉太多。这些人到底是应该叫作单身贵族，还是大龄青年？

其实跟年龄和财富无关，跟七姑八姨的絮叨和办公室茶水间的八卦也无关，而重点在于个人的选择。

只不过，我们需要明白的是，让一个人单身上瘾的真正原因是什么？ 到底是主动选择，还是被动逃避？

去爱吧，像不曾受过伤一样

众所周知，一个人在江湖上漂，在爱情的路上闯，很容易被世俗的苦难给磨平棱角，伤过痛过的心里也容易留下难以磨灭的伤痕。

诚然，独自过一辈子，自由而惬意，也能够活出自己的风光无限好，但我却希望大家在面对爱情的时候，哪怕心碎成了二维码，也能够拼接恢复一颗完整的初心，随时准备着被人扫描出幸福的模样。

如果以这样的心态去面对人生的风雨，又何至于会因为一个人久了、失望了、畏惧了而单身上瘾？ 千万别让生活夺去了我们爱人的能力，也别让生活夺走了我们被爱的权利。 人生当真如初见，何事秋风悲画扇？

在当年的大热韩剧《我叫金三顺》里，大龄而平凡的金三顺勇敢而坚韧地面对生活的各种困难，哪怕被爱人甩掉，哪怕失去工作，哪怕不小心躲进男洗手间痛苦地哭花了脸，她都没有自暴自弃，而是靠自己的努力慢慢把失去的美好找了回来。

最重要的是，三顺在多次受伤过后，依旧相信爱情的美好。明知与高富帅男主角的爱情是一场几乎不可能完成的旅行，那又如何？不卑不亢，敢爱敢恨，忠于内心，勇于追求，足矣。

奈何情深，何惧缘浅？也正如该剧所引用的诗歌《去爱吧，像不曾受过伤一样》所说的那样：

“跳舞吧，像没有人在欣赏一样；

去爱吧，像不曾受过伤一样；

唱歌吧，像没有人在聆听一样；

工作吧，像不需要钱一样；

生活吧，像今天是末日一样。”

心里住着一个人，挡住了人山人海

女人是最优秀的记分员，

她们会把自己的付出全都记在心里，

她们深信终有一天分数会打平。

一天，一位朋友给我发了一组艺术照，照片里的男生很阳光，透着好老公的气质。

故事还得从 2016 年的那个夜晚说起。

记得那天晚上天寒地冻，风雪交加，这位刚刚相识不久的朋友找到了我，忧心忡忡地说道：

“26 岁了，急着找个男友，可总觉得周围的人都不太合适。”

“为什么不合适？”

“没感觉啊！ 去相过亲，看一眼就想走了。 跟男同事们去唱 K，一首歌没唱完就想跑了。 前阵子，认识了一个有口皆碑的男生，一起去看《摆渡人》，陈奕迅还没出来，我就想着回家了。”

我想了想，然后问她：“你是自己觉得急呢，还是因为亲朋好友的压力？”

她说：“当然是自己急啊！ 过完年都 27 岁了，我想在 30 岁前生孩子！”

说到这儿，我忍不住翻了翻她的朋友圈，人长得还不错，虽然称不上惊艳，但只要打扮一下，也是一个大美女。 而且经过沟通，我发现她一点都不强势，不是那种事业心很强的人。

所以，我猜测她最大的问题应该是过去，而不是现在。 在她的心里，一定住着一个“不可能”，只是她没有跟我说。

果不其然，在进一步的了解后我发现，她还真有一个交往了五年但已经分手半年的前男友，而且她还留有对方的所有联系方式、照片、礼物等。因为她想着对方可能随时会回来，但其实根本就不可能回来。

于是我劝她尽快把所有的联系方式删掉，丢掉幻想；也把所有承载他们爱情的物品扔掉，解掉情缘。

在经过痛苦的挣扎后，她答应了，也做到了。两个月之后，她开始慢慢地愿意接触其他男生了，本文开头的那位帅哥，就是她在情人节认识的心动男生。

很多单身的人心里都住着一个“不可能”

据最新的数据显示，中国的单身成年人口数量已经超过2亿。而且，主动选择单身的女性明显在增多。

在这么多的单身人群里，有一部分人是单身主义者，典型的不婚族。

还有一部分人，则是一个人久了，彻底地上了瘾，对那些情情爱爱的事儿已经不痛不痒了。倘若碰到了合适的，也就试着相处一下；没有的话，也没关系。

然而，还有这么一部分人，自身条件不错，对爱情保持着开放的心态，甚至还是急于脱单的，但却因为心里住着一个“不可能”，等着一个“不可能”，然后发现一群不合适，所以责备月老不靠谱。

我有个同事，前几年离婚了，法院判决，孩子由她抚养。

刚离婚那阵子，她老是让我介绍对象，说现在还年轻，风华正茂的，不可能一辈子就跟孩子相依为命吧。

没想到的是，我给他介绍了好几个都还不错的同事，可她却总说不合适，担心人家嫌弃她离过婚，担心人家对孩子不好，总之是各种的担心。

后来，我再也不帮她介绍了，因为我知道，真正不合适的原因，是她心里住着一个“不可能”再回来复婚的前夫。

所幸的是，离婚四年后，当她听说前夫已经再婚而且马上就要有宝宝时，她算是彻底地放下了，重新让我帮忙介绍。

因为一个“不可能”赌进一生幸福

如果单身族因为心里住着一个“不可能”而错过了合适的爱情，确实让人觉得可惜。那么有些未婚妈妈因为没有忘掉一个“不可能”，而把自己一辈子的幸福都赌了进去，才是真正的痛苦。

我有个朋友正是如此。她意外怀孕了，男友让她堕胎，她不愿意，执意要把孩子生下来，并希望男友可以跟她结婚。但男友是一个不折不扣的渣男，在她决定生孩子的那一刻竟然离她而去，甚至连生孩子那天都没有出现，之后也从未养育过孩子。

然后，她就满含恨意地成了未婚妈妈。

最让人无语的是，她多年前的一个男友一直对她念念不忘，听说她的不幸遭遇后，立刻踏着“七色彩云”出现了，心甘情愿地跟她结了婚，帮她照顾孩子。

可是，婚后的她依旧瞒着孩子的亲生父亲（怕对方彻底放弃她），而且更要命的是，她结婚两年来一直不愿意跟老公生孩子。

我也不知道她心里的那个“不可能”要放多少年，但我确定的是，不管放多少年，“不可能”终究还是不可能。即使有一天成为可能，恐怕爱情本身也已经变质了。

彻底放下，尘封过去的感情

众所周知，相比男人而言，女人的心里更容易住下一个“不可能”。

不经意间，心里的那个人就挡住了人山人海，过去的那段情就淹没了千军万马。之所以会这样，一方面是因为女人比较痴情，感情也相对更专一；另一方面，正如世界著名情感专家约翰·格雷在其畅销著作《男人来自火星，女人来自金星》里所说的那样：女人是最优秀的记分员，她们会把自己的付出全都记在心里。她们深信终有一天分数会打平，男人们迟早会非常感激她们，并且把所有的欠账还上，到时候女人就能够轻松地接受男人的呵护了。而男人就像是消防员，如果哪个地方失火了，他们就会全力以赴地把火扑灭；没有火时，他们就会在家里睡觉，养精蓄锐地等待扑灭下一场大火。

也就是说，女人会天真地认为心里的那个“不可能”总有一天会回来，把所有的欠账还上，但其实那个男人早就去其他地方扑火了。

如果说每个人的内心都是一个杯子，那么它一旦装满了旧爱这杯酒，新的爱情就很难装进来了。哪怕硬是装进了一些，混合后的酒喝起来味道也是不对的，心里会莫名地抗拒。

其实爱情这辆车，需要两个人去开才能到达幸福的站点。如果有人提前下车，从你的全世界路过，必定说明彼此不合适，也就不适合一起前行了。

既然如此，我们最应该做的就是把过去的感情尘封起来，彻底放下那个“不可能”。

然后我们很快就会发现，没有了那一份低到尘埃里的羁绊，世界会立刻变得海阔天空，而桃花盛开的三月也一定会出现那个真正的“相见恨晚”。

找个人陪你淋雨，还是给你送伞

“最美不是下雨天，是曾与你躲过雨的屋檐。”

下雨天，还真是一个恼人的时刻，特别是数九寒冬，特别是对姑娘而言。

很多人都希望这时候有一个盖世英雄，顶着倾世容颜，突然于漫天的雨雾中出现，优雅地给你递上一把伞，脸上还要露出一副迷人到足以让汤姆·克鲁斯都汗颜的笑容。

然而落实到爱情中，更多的姑娘却为何飞蛾扑火地去选择一个陪自己淋雨的人？

因为陪自己淋雨的人，是浪漫的、纯情的，是春娇的志明，也是露丝眼中的杰克。

“最美不是下雨天，是曾与你躲过雨的屋檐。”

爱情里最大的悲剧

陪你一起淋雨的那个人，愿意陪你哭，陪你笑，陪你细数生命中无数的小感动……所以，他也最容易撩动你的心弦，打开你的心扉，但与此同时，也更容易在不经意间把你弄得伤痕累累、撕心裂肺、死去活来。

而给你送伞的人，则是成熟的、理性的，他们总会在你最需要的时候出现，给你足够的爱和关怀。

最重要的是，送伞的人有足够的能力保护你，使你不受任何伤害，不愿让你经历太多风雨，不忍心看到你受哪怕一丁点委屈。

悲剧的是，送伞的人往往是备胎，是电视剧里的男二号，是“好人卡”的第一发卡人。

你明明知道，跟他一起可以生活美满、婚姻幸福、白头偕老、儿女绕膝，但却始终放不下那个陪你淋雨的人，哪怕他辜负了你，你也照样无怨无悔。

Angle 是我的一个大学同学，刚毕业没多久就未婚先孕了。男友虽然有颜有米，但却是个不折不扣的浪子，不愿意奉子成婚，反而劝她赶紧堕胎。

她不同意、不甘心、不舍得，还心存侥幸，以为把孩子生下来浪子就会回头，爱情还会继续。

结果如你所料，男友在成为孩子他爸的那一刻开始，便成了这个世界上最熟悉的陌生人，进了手机和微信里的黑名单。

就这样，Angle 一个人满腹怨言地带着孩子，遭遇着人生里最大的风雨。

所幸，送伞的盖世英雄在这时候出现了。那是一个曾追过她很多年的男人，男人离异多年，如今单身一人，无儿无女。

他说，要不你跟我吧，我们一起组建一个幸福的家庭。可她却死活不同意，非要死等那个浪子。

一年后，浪子有了新的女友。期间，送伞男也一直痴情如初，用心照顾他们母子俩。

他说，孩子很快就长大了，要不我们一起吧。

她犹豫了很久，还是没同意，继续固执地等待旧爱归来，一直等到春花红了、夏蝉静了、秋叶黄了、冬雪飘了……浪子终于结婚了，她才彻底死心。

可这时，送伞男已经离开了。

爱情里最大的悲剧莫过于如此：陪你淋雨的人早已与别人漫步雨中，给你送伞的人也已经为别人撑起了伞。

爱情不问对错，只问因果

在经典韩剧《浪漫满屋》里，宋慧乔扮演的韩智恩在经过揪心的考虑后，最终还是选择了大男孩一样的李英宰，而放弃了经常给自己“送伞”的熟男柳民赫。哪怕这一路上英宰给她带来了无数的伤害，让她受了无数的委屈，而民赫哥却是一位做事永远滴水不漏的绅士，不仅在工作上给了智恩巨大的帮助，还在生活上给了她无微不至的关怀。

即便如此，韩智恩还是把自己的幸福压在了纯粹的爱情上——如你所知，这也是当下很多姑娘的爱情观。她们更愿意找一个陪自己淋雨的人，哪怕风再大雨再密，她们也心甘情愿地陪着大男孩成长，而不愿意选择一个成熟稳重的暖男。

一般来说，陪你淋雨的人适合谈恋爱，一起去感受人生里的酸甜苦辣，一起去看日出日落、花开花谢，一起吃几个月的方便面只为了去看演唱会、去旅游看风花雪月。

给你送伞的人则适合结婚，一起成立一个稳定的家庭，一起买套房子、生个孩子，一起享受人生的点滴幸福，任凭世事喧嚣躲进小楼成一统。

陪你淋雨的人更在乎的是当下，是心灵的共鸣和灵魂的契合，这些可能都是你想要的爱情。

给你送伞的人更在乎的是未来。他们知道淋雨对你不好，你可能会感冒，会发烧，会躺在床上疼到晚上睡不着觉——这些都是他们不想看到的事情。

人世间最完美的爱情，当然是年轻时陪你淋雨，等他长大了，成熟了，有能力了，懂得给你送伞。

但往往悲剧的是，他长大了、成熟了、有能力了，却选择给其他的女孩送伞去了。正所谓缘起缘灭，人生无常，我们往往帮别的女孩培养出了世间最好的老公。

当然，“爱情从来不问对错，只问因果”。选择了那个跟你一起淋雨的人，自然要冒着失去他的风险。就像是工作一样，有些人喜欢做稳定的公务员，有些人喜欢在职场中厮杀，更有些人愿意尝试大起大落的创业。

每个人的选择，只要不是为了迎合别人的期待，那都是我们无悔的青春和值得去一生追求的爱情。

异地恋：你别哭，我抱不到你

爱无边界，但情性皆有。

公司里有个小姑娘，毕业不到两年，交了个男朋友，在美国留学。两个人隔着十二小时的时差谈了三年的恋爱，总计见面却不超过六次。

这小姑娘看起来还挺阳光的，可隔三岔五就会阴晴不定、失魂落魄，甚至哭哭啼啼——原因如你所料，小两口的恋情又出插曲了。

每当这时，男友发的任何文字她都能揣测出 100 种结果。如果对方突然冷落她几天，她就会不自然地假想出无数个第三者出来。

说到这，可能有些朋友会说，这就是小姑娘的不对了，两个人谈恋爱，最重要的是信任，一辈子这么长，分个三五年而已，有什么关系呢！

确实没有关系，前提是你们确实能够熬过这段漫长的异地恋，一份相思，两地闲愁，有情人终成眷属，而不是因为分开的三五年冲淡了本可以一辈子的感情，从离开前的无话不谈变成了回来后的无话可说，落得个一拍两散，“无处话凄凉”。

至于所谓的信任，还是得有相应的筹码——哪怕是个白富美，如果找的是高富帅，也难免会担心男神被狂花乱蝶给勾搭去。倘若只是个普通的女孩，那想象力就更加丰富了，而且还跟自身安全感成反比。

总而言之，对大部分的姑娘来说，隔着屏幕，甚至是隔着时差，天亮说晚安，看似文艺，但背后却藏着无数的无奈和泪水；对着手机和寂寞的空气深情说爱你，看似情意绵绵，却终究是没有温度的对白，甚至抵不过生病时同事递过来的一杯热水。

异地恋分手率比较高

据一个婚恋网站的统计，异地恋的成功概率只有19.8%。由于文化的差异，如果单独统计异国恋的话，还会更低，3年以上异国恋的分手概率高达82.6%。

也就是说，如果短距离的周末夫妻可能还会有“小别胜新婚”的新鲜感，那么长距离的异地恋，尤其是异国恋，则充满着相思成灾的凄美气息。全因相隔距离太远，见面难度太大，出轨的概率太高。所谓天时地利人和，都趋向于让彼此花开两半，各自天涯。

在电影《同桌的你》里，林更新和周冬雨相恋多年，原本以为会修成正果，却因为林更新毕业后去了美国，周冬雨几次尝试出国未遂，而只能留在国内，等君归来。然而，两人多年的恋情终究还是抵不过现实的无情，被迫分道扬镳。

所以说，爱无边界，但情性却有。多少爱情葬送在了翻山越岭的重逢路上。跟一个身处异地的人相爱容易，可守望一段异地的感情，却是无比艰难。

一来，异地恋的婚点不明朗——两个看似相爱的人哪怕能熬到重逢之年，也可能会愕然发现，很多原来由于距离太远而被忽视的问题，被瞬间放大了，甚至发展到不可调和的地步，结果还是得分手。

二来，如果两个人只能靠网络互联、屏幕交心，又怎么能真正地让内心的情感沙漠得到充分地灌溉，并共同创造出一片属于彼此的幸福绿洲呢？

异地恋的无奈之处

著名的心理学家哈洛曾做过一个实验，将出生不久的婴猴放进一个独立的笼中喂养，并用两个假猴子替代真母猴——“铁丝妈妈”和“绒布妈妈”。在“铁丝妈妈”身上，还放有一个橡皮奶头，可24小时提供奶水。

实验刚开始时，婴猴多半是围着“铁丝妈妈”喝奶，但没过几天，情况就出现了反转：婴猴只有在饥饿难耐之时，才会去“铁丝妈妈”那吃奶，更多的时候，它都是跟温暖、柔软的“绒布妈妈”待在一起。

由此可见，虽然“铁丝妈妈”能满足婴猴的饮食问题，但婴猴还是对温暖的“绒布妈妈”存在着更强的依恋感。

其实，我们人类也是一样，当温饱不再是主要问题之后，只有通过更多有温度的接触，才能更好地传递爱意，继而让我们体会到更多的安全感。

此外，国内有一位著名的心理学家曾说，肌肤是人体最大的器官，也是相互依恋的语言。此外，任何带有情感的抚摸都能够激起我们的情欲，也足以起到神奇的安慰作用。

所以说，两个人要想培养出真正的好感情，一定少不了肌肤之亲，比如说拥抱、牵手、亲吻等。当然，更加亲密的身体接触也是必不可少的。但这些甜蜜、暖心并且让爱加分的动作，异地恋却没有办法做到。

除此之外，异地恋还有更多的无奈之处，让恋爱双方苦不堪言。

（1）没了手机，你的一切我都不知道。

（2）感觉手机才是自己的男朋友。

（3）不敢吵架，因为每一次说分手都可能是真的分手。

（4）打着有恋人的幌子，过着单身的生活。

（5）一个拥抱就可以解决的问题，却要用两个小时的通话解释。

（6）一年到头好不容易见次面，却因为一言不合而赌气不理对方。

试问这样的恋情，如果有足够的精力去经营的话还好，可一旦遇到学业繁忙或工作压力过大之时，我们还有信心走下去吗？

别嫌弃一直陪你的人，别陪一直嫌弃你的人

对的陪伴，是最长情的告白，

错的陪伴，是最误己的纠缠。

2015年开心麻花出品的电影《夏洛特烦恼》不但收获了14亿多元的票房，而且还赢得了不错的口碑。其大获成功的原因，除了搞笑功底一流、包袱不落俗套之外，最重要的是，它讲述了一个几乎能触动所有人神经和泪腺的爱情故事。

电影里的夏洛是一个失意、爱装的无业青年，但却在一次老同学的婚礼上跟老婆马冬梅大吵了起来，甚至还差

点闹到离婚。

所幸的是，酒后的梦让他幡然醒悟，原来一直陪在身边可自己却无比嫌弃的马冬梅才是此生的最爱。

确实，这是一个追求新鲜感、心跳和“人生得意须尽欢”的时代。 然而，不管我们在成功的路上走了多远，都是满怀着爱意从红地毯的最初端徐徐走来的；无论生活里有多少突如其来的诱惑，也不应该嫌弃那个一直以爱相随的人。

需知道，人生总有潮起潮落，身边总是人来人往，而那个愿意不离不弃，始终陪在身边的人，才是我们生命中除自己外的另一个坐标。

请珍惜一直陪在你身边的那个人

前几天，有一个来访者前来咨询，说要我帮忙追回旧爱。

刚一见面他就急切地对我说：“我想把前妻追回来，跟她复婚。 你知道吗？ 我现在后悔死了，这阵子天天失眠，天天想她，你一定要帮我！”

我说：“你别急，先跟我说说具体情况，我们再来看看能不能追。”

故事其实很简单，他有一个交往多年的漂亮女友，两人成功地组建了家庭，并在婚后第二年如愿以偿地有了一个健康的女儿。就这样，幸福美满的三口之家生活看似拉开了序幕。

可惜的是，他却在这时犯下了重大的错误——用他自己的话来说，一来是因为在老婆怀孕和生孩子的那段时间夫妻沟通太少；二来因为宝宝晚上经常哭闹，导致睡眠不好，情绪不稳定，迫切需要释放。最重要的是，那阵子他炒股炒没了十几万，欠了一屁股的债，还不敢跟老婆说。

多重压力之下，熟悉的老剧本再次上演了，一个与他在业务上有来往的，漂亮、能干并且比他大三岁的女人出现了，他们很快就擦出了火花，然后他脑子一热，就跟老婆离婚了。

只是剧本继续老套，当新鲜感褪去后他才恍然大悟，其实自己一直爱着的是前妻。

只不过，前妻对他无法原谅，哪怕现在还是一个人，也不想跟他复婚。

据说这位朋友一直还在吃回头草的路上折腾，至于最后能不能追回旧爱，其实已经不是重点了，重点是为何我们总是要绕一个大圈子才能发现：当初那个一直陪在自己身边的人才是自己的最爱，一开始怎么就不能好好珍惜呢？

陪伴是最长情的告白

正所谓，糟糠之妻不下堂。意思大家都明白，但其中所藏着的深意，又有多少人知晓？

话说东汉时期，汉光武帝刘秀的姐姐湖阳公主看上了才貌双全的朝中大臣宋弘。于是，刘秀亲自为姐姐说媒，劝宋弘放弃早已年老色衰的妻子，跟自己的姐姐在一起，跟皇帝做亲戚。

万万没想到的是，宋弘作为一名臣子，居然“胆大妄为”地公然辜负皇帝的一番美意，声称决不能放弃曾一起同甘共苦过的妻子。

正是这样的一段历史，让宋弘跟柳下惠一样成了中国好男人的代表。

确实，作为一个有责任、敢担当的男人，绝不能因为图一时新鲜而放弃那个曾一直陪伴自己左右的女人。

不过，话说回来，倘若你非常不幸地遇到了当代的陈世美，成了那个被一直嫌弃的人，也不要傻傻地赖着不走，企图感动对方。 虽说陪伴是最长情的告白，但陪伴着一个一直嫌弃自己的人，却是最误己的纠缠。

试问，一个人如果在一厢情愿中失去了尊严，迷失了自己，还能够换来真正的幸福吗？ 要知道，低到尘埃里的爱情永远长不出幸福的花朵。 正如当年的才女张爱玲，在清楚地明白胡兰成已经移情别恋之后，并没有做太多的纠缠，而是选择了离开。

正所谓人生苦短，去日苦多。 别嫌弃一直陪你的人，别陪一直嫌弃你的人。 懂得珍惜眼前人，不乱舍弃，更懂得爱自己，不存妄念，我们终将会收获自己的哪怕是青瓜豆腐般的小幸福。

忘记一个人很简单

忘记一个人很简单：不要见，不要贱。

我有一个做心理医生的朋友，说前阵子遇到了一个奇葩的案例，差点砸了他苦心经营多年的金字招牌。

病人是一个 20 岁出头的年轻人，长得跟黄晓明一样帅，身高有 1.8 米左右，穿着打扮一看就是个有钱人家的孩子。但这些都是照片上的样子，其真人第一次出现在诊所时，已经瘦得快不成人形了，而且两眼的黑眼圈跟戴了副墨镜一样厚重。

一了解，原来他已经一个多星期没睡觉了。

家人带他去了很多医院检查，结果却发现，他的身体并没有任何的问题，可不知怎么回事，就是跟蝙蝠一样，晚上不睡觉，睁着眼睛，什么也不想，想尽办法都睡不着。照这样下去，肯定会出大问题。

无奈之下，他们只好找心理医生帮忙。

我这位朋友也不是浪得虚名，跟这个小伙子前后沟通了一个多星期，甚至还像私家侦探一样，暗地里跟踪调查了他几天（当然是在获得对方家人同意的前提下），最后才找出那个让他大跌眼镜的原因——不过是失恋而已。

缘起缘灭，人之常情

失恋原本不是什么大事，缘起缘灭，人之常情嘛。但如你所料，这位帅哥从小就习惯了被万千少女所迷恋，深得邻里乡亲所宠爱，而这次被心爱的女友甩了，完全出乎他的意料。

最重要的是，他的女朋友并不是很漂亮的那种类型，所以在内心深处，他把这次被甩看作是人生的一个大污点。于是，他决定忘记这段持续了一年多却以失败而告终的感情，并拼命尝试用各种乱七八糟的念头把女友挤到大脑的某个角落里去。

然而，大脑并不是一个收纳箱，想放什么就放什么，长此以往造成的恶果就是越想忘记越无法忘记，最后彻底失眠了。

而且更要命的是，他谁都不肯告诉，因为害怕一说出来，被挤到角落的前女友又会跑出来，让他自觉完美的人生蒙羞，自尊受损。

就这样，在千辛万苦地找到根源后，我的这位朋友很快就让这个小伙子恢复了正常，一连睡了两天两夜。

其实，朋友给出的解决方案非常简单，任何一个谈过恋爱的人都会：

首先，公开承认自己失恋，告诉家人，发朋友圈宣告单身。

其次，把对方所有的东西扔掉、烧掉、处理掉、再将其拉进黑名单。

最后，就是暂时离开熟悉的地方去旅游，最好是回母校故地重游。

我请教这位朋友，这一套里面，到底藏着什么样的心理学原理？

他笑着说：“这个说来话长，等你失恋了我再告诉你吧。”

忘记的力量和理由

记得刘德华曾唱过这么一首苦情歌，火遍过大江南北：

“给我一杯忘情水，换我一夜不流泪。所有真心真意，任它雨打风吹，付出的爱收不回。给我一杯忘情水，换我一生不伤悲，就算我会喝醉，就算我会心碎，不会看见我流泪。”

以前听这首歌的时候只是觉得好听，后来经历过痛心疾首的失恋才知道“忘情水”有多重要。

一辈子这么长，一个人可能没结过婚，但一定会有爱情。 在经历过爱情之后，我们也许会幸运地“执子之手，与子偕老”，但更大的可能是“花开两半，天各一方”，被迫“从你的全世界路过”。

那么，当爱情消逝、爱人远去之时，留在原地徘徊的我们，应该如何去忘掉过去的种种情缘呢？

其实，我们最应该做的，就是忘记那些因爱而生的恨，忘记所有的不快，忘记那些纠结与痛苦……然后把剩下的美好封存心底，偶尔在阳光灿烂的时候拿出来晾晒。只有做到了这一点，我们才有忘记的力量和理由。

那么，具体应该怎么做呢？ 简单来说就是：不要见，不要贱。

不要见，是在物理距离上进行隔开，从而让内心的情感找到必要的舒适区。

不要贱，是在心理上进行远离，尊重自己，也尊重爱情。 要记得，低到尘埃里的爱情，永远长不出幸福的花朵。

总的来说，不要见是解情丝，不要贱是断情缘。 两相结合，相辅相成，加上时间这个重要的变量，很快就会忘掉过往，留下美好。

在王家卫的电影《东邪西毒》里，有一种好酒叫作“醉生梦死”，是欧阳锋的嫂子（张曼玉饰演）托黄药师送给欧阳锋的。

“不久前，我遇上一个人，送给我一坛酒，她说叫

‘醉生梦死’。喝了之后，可以叫你忘掉以前做过的任何事情。我很奇怪，为什么会有这样的酒？”

可惜的是，“醉生梦死”酒虽然清香醇厚、回味悠长，但并没有让欧阳锋忘记什么。他反而明白了一个道理，当你不能够再拥有的时候，唯一可以做的就是令自己不要忘记。结果后来欧阳锋成了恶名昭彰的西毒，黄药师则回到了桃花岛，成为五绝之一的东邪。

“其实‘醉生梦死’只不过是她跟我开的一个玩笑，你越想知道自己是不是忘记了的时候，你反而会记得更清楚。”

确实，这个世界既没有忘情水，也没有“醉生梦死”酒。如果非要说有，也一定是自己亲手用时间酿制的。

忘记的两种方式

张爱玲曾说过，忘记一个人有两种方式：一是时间，二是新欢。如果忘不掉，一是时间不够长，二是新欢不够好。

那么，时间到底过多久才算够长呢？ 其实应该以“不要见”的时间开始算起。 而新欢到底够不够好？ 首要的前提是对旧情“不要贱”，那才真正有资格去评判。

可惜的是，有些人是付出越多，越觉得自己不划算，用赌徒的心态面对；有些人是越陷入其中，越不想放手，被自己感动得一塌糊涂，“直道相思了无益，未妨惆怅是清狂”。

记得在电影《重庆森林》里，失恋后的金城武开始吃罐头，因为女朋友阿 May 喜欢凤梨，所以他就是买一罐罐的凤梨罐头来寻求慰藉。

此外，他还假定给这段恋情设置了一个 30 天的保质期：如果在 30 天内女友能回来，则再续前缘；但如果过了保质期阿 May 还不愿回头，就正式让这段感情结束。

这样的做法看起来有些幼稚，但比起拼命地打电话给女友，纠缠女友的亲朋好友，以试图挽回那份早已风干了的爱情，这何尝不是一个更好的办法？

谈钱能伤的感情，不是真感情

两个人谈钱，才是真正的务实。

一谈钱就能伤的感情，也不是什么真感情。

在职场上打拼，最痛苦的事情有两件：

第一，跟老板谈加薪。

第二，不但加薪未果，而且老板还跟你大谈理想、情怀或感情。

好友丫丫真有胆识，一劳永逸地一并解决了以上两大难题：把自己的老板培养成了男友。

以前男友只是她的老板，每月出粮，不拖不欠，税后还能拿个八九千。现在可好，工资不发，劳动时间加长，不仅上班干活，下班了还得处理各种事务——帮老板“批奏折”或是出去喝酒应酬。

老板说，都是自家的公司，以后做大了，你就是老板娘了。

我们都劝她，你这个老板怎么听起来像个江湖骗子啊，老是给你画饼洗脑。

可她还是“衣带渐宽终不悔，为伊消得人憔悴”，坚定地认为这是一段真感情，不是一桩生意，谈钱有伤感情。

后来，剧情急转直下。老板的老婆找到公司大闹一场，指桑骂槐地说丫丫破坏了他们的婚姻。

丫丫哪见过这种电视剧的套路啊！立刻辞职走人，并彻底跟老板男友断了联系。

不过后来我们才愕然发现，这位老板竟然还真是未婚。那个所谓的老板夫人也不知道是从哪个高性价比的剧组雇来的，演技堪称影后级别。

由此可见，不管是职场还是情场，哪怕最纯洁的关系也还是得谈钱。再好的感情，如果有意绕开钱这个话题，都如同飘在空中的海市蜃楼，可能一阵风后便消失不见了。

找对象还得看“钱品”

我们在找对象的时候，除了看对方的颜值和人品外，还需要测一测他的“钱品”。

所谓钱品，顾名思义就是有关钱的品位，即一个人对待金钱的态度。至于具体该怎么看，我们可从以下两个方面去考虑。

1. 如何谈钱

可以好好地跟恋人谈谈，对有钱人是怎么看的：到底是无比的羡慕嫉妒恨，还是带有仇富心态的不屑一顾？

抑或是对有钱人的个人努力表示极大的尊重，并希望能够师夷长技以自强？

总的来说，一个人对钱的态度往往会反映出他的人品和心胸。

此外，跟对方谈谈是怎么看待“钱”的，也能管中窥豹地了解到彼此的家庭条件，从而折射出不同的消费理念。

很多情侣在磨合期分道扬镳都是因金钱的问题，当然，也不是因为哪一方嫌贫爱富，只是使用钱的态度和习惯有着太大的不同而已，比如你出门习惯了打车，他则是能坐公交就不坐地铁。

总而言之，一个心理健康的人既不会把钱看得过分重要——“君子爱财，取之有道”；也不会视金钱如粪土——“富与贵，是人之所欲也”。

2. 如何花钱

除了如何谈钱之外，我们更应该看看对方是怎么花钱的，特别是在你身上所花的真金白银。

我有一个师妹，老公上学时读研究生的费用都是她辛辛苦苦赚来的。 两人成家后，家里的开销还是由她负责，而老公上班赚的钱却藏进了小金库，很少用于家里。

最可恶的是，她婆婆还拼命让儿子把钱存起来，说媳妇挣得多，光花媳妇的就好了。

结果如你所料，朋友的家庭最终破裂了，最近她正向法院提起离婚诉讼。 她老公和婆婆则死活不同意，截止到落笔，他们还在打官司。

所以说，两个人相处，对方在你身上怎么花钱，足以看出其钱品的好坏。当然，这里的“花钱”方式并不是以“数量”来定，而应该以“比例”去衡量。要知道，对一只猫来说，嘴上的一条鱼往往就是它的一切了。

谈钱还需要技巧

记得在《被劫持的私生活》一书里，有这么一句话：

“今天，每一对夫妻都声称是为了爱情才结的婚，但是警察可不糊涂，任何一个已婚者非正常死亡了，警方会自动将其配偶列为第一嫌疑人。”

这句话其实是想说明这么一个观点：一夫一妻这种婚姻制度，最初就是为了经济利益的最大化而设定的。

所以说，两个人谈钱才是真正的务实。而一谈钱就能伤的感情，也不是什么真感情。

微信是前几年才突然火起来的。其实，它能够颠覆过往的其他沟通软件，比如短信、MSN，甚至qq，最主要的一个催化剂就是微信红包。尤其是节假日期间，我们通过这样一种方式去升华彼此间的感情，传递朋友间的温度，既简单直接，又不会太赤裸裸。

当然，话说回来，虽然要谈钱，但千万别跟葛朗台一样，活活地掉进了钱眼里，沦为了拜金主义，事事以钱为准，以金为绳，让好好的一份感情变成了一桩赤裸裸的生意，那才是对感情最大的伤害。

彼此深爱的那个，往往不是对的人

还君明珠双泪垂，恨不相逢未嫁时。

——张籍《节妇吟》

众所周知，但凡醉酒之人，状态无非有二：

一种是不省人事、闷头昏睡，哪怕午夜噩梦连连，或窗外雷声轰轰，也能够一觉到天明。

另一种是东倒西歪、胡言乱语，甚至做出各种荒诞怪举，甚至一言不合就对身边的人大打出手。

试问，如果恰逢醉酒的是你，你会让一个同样大醉之人送你回家吗？

当然不会。

其实，在感情的世界里又何尝不是如此？ 陪我们喝醉的人，注定无法送我们回家。 跟我们刻骨铭心过的恋人也往往不是陪我们走到最后的那一位，正如迪克牛仔在《有多少爱可以重来》里深情款款所唱得那样：

“为什么明明相爱，到最后还是要分开，是否我们总是徘徊在心门之外。”

或许只能怪命运弄人、红娘无心，让深爱之人擦肩而过，成为那个最熟悉的陌生人。

我们也只有在午夜梦回之时，就着月色和美酒，细数过去的那些甜蜜。 “常常责怪自己，当初不应该；常常后悔，没有把你留下来。”

擦肩而过的爱情

在经典电影《大话西游》里，当手无缚鸡之力的至尊宝戴上金箍，变成了上天入地无所不能的孙悟空之后，便拥有了拯救爱人的能力；但与此同时，他也失去了爱的权利。

他只好将自己的心封存起来，将同样爱着自己的紫霞拒之以千里之外，空剩一副不苟言笑的扑克脸，继续跟随唐僧赴西天取经。

这何尝不是一种现实生活的折射？

两个本该一起回家的爱人，却因为出场顺序的偏差，或因为爱的能力未能跟权利相对等，最后只能空留一声叹息，“此情只待成追忆，只是当时已惘然”。

我有一个朋友，跟恋人非常相爱，风风雨雨携手走过6年，甚至已经到了谈婚论嫁的阶段，钻戒都买好了，蜜月之行也选好了地点，还互相正式见了家长，一切准备妥当……可就在结婚前夕，他们突然分手。

关于原因，他们避而不谈，只是说不合适，一声苦笑而过。直到两年之后，等一切事过境迁、云淡风轻之后，朋友才告诉我们事情的真相。

其实当时根本没有多大的事，只是她道听途说，男友跟一个学妹有所纠缠。

男友对此坚决否认，说完全是子虚乌有，然后他们就开始矛盾连连、不断吵架、相爱相杀。紧接着，她每天都要查男友的手机，一有任何蛛丝马迹，就会神经兮兮地质疑。男友觉得很累，然后就冷战，后来一气之下就分开了。

就这样，那个曾经陪自己醉酒的男人，终究没能把自己送回家，哪怕就快到门口了，却因为彼此的醉意未褪而心犯迷糊，而错过了本该相守一生的幸福。

爱是一把双刃剑

有这么一首经典诗句，大家一定耳熟能详：

“世界上最遥远的距离，不是我站在你面前，你却不知道我爱你；而是明明知道彼此相爱，却不能在一起。”

要知道，在爱情的哲学里，最重要的就是出场顺序。唯有在对的时间遇到对的人，才能真正地“执子之手，与子偕老”。

遗憾的是，彼此深爱的人往往不是那个对的人。正因如此，才会有这么一句经典的俗语：“一辈子，谈三次恋爱就够了：一次懵懂，一次深刻，一次一生。”

醉酒后的我们，往往不懂得珍惜，大脑无法思考，容易动怒，恣意妄为，以为对方不爱自己，然后一个转身就再也找不到那个人了，结果只能怪情深缘浅、造化无常，“还君明珠双泪垂，恨不相逢未嫁时”。

其实还有这么一个说法：爱是一把双刃剑，倘若陷得越深，必然伤得越重，自然容易失之交臂。

如你所知，相爱是一个追求完美和身心合一的过程，可现实总有阴晴圆缺之时，交汇着各种遗憾，所以相爱之人一旦与世俗起了冲突，往往会撞得头破血流、痛入心扉。 如此境况，有的人无法承受，自然会弃爱而逃。

此外，毫无疑问地，爱情是一种相对自私的感情，总想着拥有对方的一切，让对方围绕着自己转，理解自己的感受，并遵循自己的意愿。

这样的感情，哪怕一方能够不折不扣地做到，另一半也未必愿意，双方矛盾就此而生，而星星之火，足以燎原。 一旦没有处理好，就只会劳燕分飞、花开两半、天各一方。

胡适的《梦与诗》

倘若醉酒的你，非要任性一把，坚持让同样醉酒的他/她送你回家，结果可以想象——也许还没到家，你们就已经双双醉倒街头了。

在爱情的征途上，曾经那么情真意切的恋人，却往往碍于世事多变，或情深缘浅，最终落得唐玄宗和杨贵妃一般的结局，“天长地久有时尽，此恨绵绵无绝期”；或如陆游和唐琬的情境收场，“东风恶，欢情薄，一杯愁绪，几年离索。错，错，错”。

胡适一生浪漫多情，与曹诚英的一段刻骨铭心之恋更是让人扼腕叹息。后者一生未嫁，在异国他乡一待就是50年，痴痴地守望着这段无疾而终的爱情。而真正陪胡适走到最后的，却是未经其同意而仅仅是以父母之命而娶的江冬秀。

如此错综复杂的情愫，一生难以弥补的遗憾，怕都藏在了胡适这首经典的《梦与诗》里：

“都是平常经验，
都是平常影像。
偶然涌到梦中来，
变幻出多少新奇花样。

都是平常情感，

都是平常言语。

偶然碰着个诗人，

变幻出多少新奇诗句。

醉过才知酒浓，

爱过才知情重。

你不能做我的诗，

正如我不能做你的梦。”

世间爱情，逃不过三道数学题

第一道数学题：1+1=0。

第二道数学题：1+1=1。

第三道数学题：1+1=3。

爱情到底是什么？

这是一个没有标准答案的问题，每个人都会有自己的理解。

对李清照来说，爱情就是一种相思，两处闲愁，此情无计可消除，才下眉头，却上心头。

对王小波而言，“爱你就像爱生命”，哪怕生命中有

爱情到底是什么？

太多的荒诞，我对你的爱都是世上最美的。

然而，世间之爱情，不管如何相遇相知相守，也无论藏着多少爱恨情仇，都逃不开以下这三道数学题。

第一道数学题

第一道数学题是：1 +1 =0。

这种关系的爱情，可以说是世间最不应有的爱情。 两个人在一起，完全就是一个错误、一场孽缘、一段注定悲剧的人生。

爱情里的双方，也许是因为性格不合，也许是因为遇人不淑，抑或是某一方的过于偏执，轻则谩骂不断、内耗连连；重则相互伤害，“三天一小吵，五天一大吵”，更甚者鱼死网破，拔刀相向，以致让爱情过早地随风凋零。

总而言之，人生路漫漫，倘若一不小心遇到了这样的爱情，千万别带进婚姻，别将错就错，“死”也要死在婚前，否则后果不堪设想。

第二道数学题

第二道数学题是：1 +1 =1。

绝大多数人的爱情，都是属于这种类型。

两个人在一起，变成了一个人，你中有我，我中有你；同舟共济，彼此关心，相濡以沫；“你快乐所以我快乐”——不管是精神世界，还是家庭财政，都彻底地捆绑在了一起。

其实，这样如胶似漆的感情，如果只是发生在恋爱的蜜月期，那确实无可厚非。然而，当短暂的蜜月期过后，双方如果还是以这样的姿态相爱，那就需要小心了。

这样的爱情如同一把双刃剑，隐藏着一个巨大的隐患——彼此之间仿佛构成了一种共生关系。一个人的喜怒哀乐，直接成了另一个人心情的晴雨表。爱情也变成了一种竞争，到底是你爱我多些，还是我爱你多些？

最要命的是，一旦某一个人过于依赖对方，便容易失去自我，甚至像是寄生在对方的身体和灵魂中一样。如果另一半能够承受还好，就怕一不小心就被这份情给压垮了。

试问，这样的爱情还能达到一种真正的平衡吗？如果想要寻求新的平衡，就往往需要新的家庭成员加入，比如说生个宝宝（当然是在互相都准备好了的前提下），以形成一个稳定的三角关系。

第三道数学题

第三道数学题是：1 +1 =3。

毫无疑问，这是世间最好的爱情。

我是我，你是你，都是独立的个体。我们在一起，能够彼此成就，成就对方的天地；也能够互相扶持，风雨同行，如同一条船上的两个划桨人，有一个共同的目标，而且每个人手上都有一把桨，都有能力向前划行。

在这样的爱情里，每个人都有自己的事业，无论大小；每个人都有着自己的情感安全区，无论多少。

国际著名的婚姻治疗师埃丝特·佩瑞尔曾走访20多个国家，并采访了来自不同民族、不同文化、不同年龄以及不同职业的上千对恋人，然后得出了这么一个结论：要想在长期关系中保存激情、维持欲望和吸引力，就需要双方给彼此制造出足够的距离，具体维度则包括空间、心灵和想象力这三个方面。

由此可见，亲密关系中的1 +1 千万不能等于0，最好的答案也不是1，而是留有距离后的3，三生万物。

人世间之爱情，虽说让人道不尽，摸不透，但几乎都逃不开这三道题。

毫无疑问，这三道数学题每个人都会解。但放在爱情里，又有多少人能够做好呢？

记得在电影《西游·伏妖篇》里有这么一句台词：“世上最难过的关，是情关。”然而，情关虽难，难比登天，但终究只是解好一道题而已。而真正难的是于茫茫人海中，遇到那个愿意跟你解一辈子题的人。

第四章

梦想

——追一场梦，何必慌张

不忘初心，方得始终

我在这儿，而且会一直在，直到这条路的尽头。

2000 多年前，古希腊人苏格拉底曾用一生的热情、耐心和智慧，并且不顾妻子的反对，走街串巷地告诉大家：认识你自己。

其实，我们真正需要认识的自己，是一种脱离于身份地位之后的内在，是《星球大战》里的原力和《圣斗士星矢》里的小宇宙，是不管从哪里来要到哪里去都不会变化的真我……

一个人只有真正地认识了自己，找回了真我，内心才会有一个纯粹的驻扎地，也就是所谓的初心。

初心是一个人发自内心的力量源泉，是一段旅行最初开启的原因，是一道可以刺破黑夜的光。

初心不是初恋，是一个人在爱情路上的信仰；是哪怕寻觅半生无果，依旧能够坦然坚持的真诚；更是“执子之手，与子偕老”的誓言。

李安做了六年的“家庭煮夫”，忙里忙外地照顾老婆孩子，只为了圆一个导演梦；周星驰跑了多年的龙套，只想告诉全世界，其实我是一名演员；王小波的初心则是自由地写有趣的文字，哪怕辞掉了中国人民大学的教职，去考了个大货车的驾照——“如果有一天实在混不下去了，就靠这个吧”，也要做一名自由而真诚的作者。

一个人的力量可以来自大脑，也可以来自身体，还可以来自内心。

来自大脑的力量叫作思考，叫作主观意识，是理性的思维；来自身体的则是行动力，是说走就走的执行力，同时也是爱恨情仇等情绪的来源；至于来自内心的力量，却是决定了人生命运 80% 以上的潜意识。

所谓的“说话不经过大脑”，那都是因为来自内心，那里有你最真实的存在，自然会更有力量。

丢弃了初心，走得越远，就迷失得越远。倘若一不小心丢失在了厨房的油盐酱醋中，丢失在了酒池肉林的纸醉金迷里，丢失在了无望的爱恨情仇间……也没有关系，余生很长，何必慌张，我们只要在某个夜深宁静的时刻，顺着萤火虫飞舞的方向，找回来就可以。

其实，写字多年，从风华正茂的文艺小青年，写到了行迈靡靡的文艺老青年；从王朔当红的20世纪，写到了韩寒改行从影的今时今日，更写到了中国人史无前例地拿到了诺贝尔文学奖……我依旧没有找到放弃的理由。

细想一下，自己写作的初心，并不是为了赚六便士——当然，能赚个盆满钵满最好不过，而是用文字浇灌时间，从中长出自由的花朵，让更多的人能够顺着这一缕花香找到内心的自己。也正如李海鹏所说的，我们不能永远年轻，永远热泪盈眶，却依然对一个更好的世界怀有乡愁。

还记得，那是一个再普通不过的下午，雨后的静谧时光，一个20岁左右的青年，静静地坐在图书馆的角落里享受着文字的乐趣，浸淫在思想的浪潮中。他偶尔抬起头看着窗外发呆，偶尔回想起初恋女友那美丽的容颜，偶尔跟书中的人物遨游在世间的每一个角落……

我顺着时光，慢慢走了过去，拍了拍他的头，然后笑着说：“孩子，你的初心还在。”

我在这儿，而且会一直在，直到这条路的尽头。

有回应的地方，才会有光

死亡，即是无回应之地。

——西班牙谚语

前阵子，听朋友分享了一个神奇的故事。

小时候的一个数九寒冬，大雪纷飞，她在家里昏睡了两天两夜，家里人怎么叫都叫不醒，差点就睡死过去。

直到长大后她才知道，她当时之所以昏睡不醒，并不是像蛇一样冬眠，而是因为家里一共 5 个兄弟姐妹，一直以来，父母都极其忽视她，只确保她不会饿死就行。她的任何感受都得不到回应，所以她非常绝望，潜意识随即产生了一个奇怪的想法：既然没有人在乎我，那我就永远不醒来好了。

这个故事让我非常震惊，除了刷新了我对自杀方式的认识之外，还让我对生命有了新的理解。

还记得那天晚上她讲这个故事时，窗外正是凄风冷雨，我仿佛在她的头顶上看到了一个无奈、孤独和绝望的孩子，浑身散发着电影《咒怨》里所出现过的那种蓝光。我能够清晰地感觉到，孩子对这个家、对这个世界充满了怨恨。

说到这儿，大家是不是有一种似曾相识的感觉。确实，这跟 2015 年贵州毕节四兄妹喝农药自杀的情形有些类似，他们同样经历过从渴望到失望，再到绝望的心路历程。

因为父母常年在外，作为留守儿童的他们所发出的声音一直得不到响应，极度缺爱，以致在绝望中选择了放弃生命。“我该走了，我曾经发誓活不过 15 岁，死亡是我多年的梦想，今天清零了！”

说到这儿，不由让我想起了一个可怕的实验。

欧洲有一个皇帝，派人找来十几个新生婴儿，给他们提供充足的奶水和舒适的环境，但却从来不给他们爱的回应，也不让任何人跟婴儿进行接触——当然，妈妈也包括在内。

结果如你所料，这些婴儿在几个月之后，就陆续死去了，无一例外。

所以说，当一个孩子没有得到爱的回应，就会心生绝望，变得封闭而孤僻，甚至想要结束生命。那大人呢？

爱都需要回应

我曾经接触过一名来访者，她结婚几十年，但自觉“一直如同行尸走肉般活着”。她最近遇到了一个很有魅力的男人，对她关怀备至。用她的话来说，就是“生命中第一次感受到了能量”。

一开始，我觉得这是一个再老套不过的故事了，老公不解风情，老婆婚外有情，继而红杏出墙，寻找寄托。但聊到后面，我才发现其实并没那么简单。

她老公还真是一个不折不扣的木头人，虽然事业有成，但他从来没有跟爱人表达过爱意，不管是口头还是行动上。

最让人无语的是，不管女人怎么哭诉、怎么闹腾，他都像是棉花一样，对任何的力量都没有回应。

正因如此，虽然他们的物质生活水平非常高，但这些年夫妻下来，她却患上了一定程度的躁狂抑郁症。然而，身边的亲友却始终不理解她，觉得她是身在福中不知福，好好的富太太不做，还找这么多事，真是自讨苦吃。

记得西班牙有这样一句谚语：死亡，即是无回应之地。每个人的内心、感受和爱都需要回应，如果一个女人活在一份没有回应的婚姻中，毫无疑问，这绝对可以称得上是坟墓。

人世间最孤独的事

周星驰有一部电影叫《功夫》，其中有一幕是斧头帮帮主请来两位绝世高手帮忙复仇，其中的一位还是盲人。可当他说到“一曲肝肠断，天涯何处觅知音”时候，我突然有一种泪流满面的感觉。

这样简简单单的一句话，仿佛在一刹那击中了我的心，这句话恰如其分地表达了我一直以来的心境。这么多年来，在成长和追梦的路上，我深感知音难觅、知己难寻。 朋友再多，路再好走，往往也抵不上一个能真正撩拨你心弦的人。

我以前很不理解高山流水的故事，觉得伯牙还真是矫情，钟子期一死，他就把好好的一把琴给摔破了，还发誓终身不鼓琴，真是一个让人难以琢磨的家伙。

直到后来，我才明白知音之重要，也随即理解了伯牙的做法。 之所以说人生得一知己足矣，那是因为哪怕只有一个知己，也能够带来足够的光，“嘤其鸣矣，求其友声。 相彼鸟矣，犹求友声”。

而人世间最孤独的事，莫过于“这个城市有那么多灯火，却没有一盏是为我而亮的。 这个世界有这么多好歌，却没有一首是为我而唱的”。

无条件用爱回应

世界经典名著《瓦尔登湖》是美国作家梭罗的代表作，其讲述的是作者独居瓦尔登湖畔时的故事，描绘了他两年多时间里的所见、所闻和所思。

有的朋友可能发现了，怎么他一个人也能够活得好好的？

究其原因，一方面他虽然深居简出，但偶尔也会有知心朋友去探望；另一方面，他的内心已经足够强大和丰富了。正如一名得道的僧人曾说，其实一只手也能够发出掌声，因为手心穿梭在清风中，游走在密雨里，跟天地之万物合成掌声。

毫无疑问，要想达到这样的境界，只有真正的世外之人才能做到，因为他们早已建立起了足够强大的世界观，也已经有过丰富的人生体验了——内心装有红尘，又何须去红尘寻求慰藉？

然而，如你所知，绝大多数的我们在没有人回应之时，都会陷入可怕的境地，哪怕是宣称“那些不能把你杀死的只会让你更强大”的哲学家尼采，最后也变成了一个疯子。

所以，没人回应的路终究是一条黑暗而绝望的路。丰腴而美妙的人生，一定需要有人喝彩。我们都要学着长大，学着卸下无谓的保护层，并学着回应他们的感受和珍惜那些愿意无条件用爱回应你的人。

怨憎会：正所谓“不是冤家不聚头”，不管是大学宿舍里关系不和的舍友，还是家里有矛盾的婆媳，抑或是工作中水火不容的同事，甚至是那些为了孩子只能暂时“离婚不离家”的夫妻……在百态的生活中，有着各种各样的冤家，但碍于种种原因，我们无法干脆利落地断舍离，唯有继续纠缠，苦不堪言。

爱别离：所爱之人，一别两宽。“此去经年，应是良辰好景虚设。便纵有千种风情，更与何人说”。所爱之物，因种种原因丢失了，虽有百般不舍，但也只能坚强面对。

求不得：有人求家财万贯而不得；有人求仕途通达而不如意；更有的人虽富甲一方，权倾天下，比如秦始皇，却终其一生追求长生不老……这何尝不是一种无止境的折磨。

赢不了，也输得起

人生如此丰富，岂能用输赢一语概括？除了赢家和输家，难道我们不能做个玩家，在对梦想的追逐中体验一把挑战自我的惊喜与刺激？万一成功了呢？

曾看到过这么一则新闻：安徽亳州的 13 岁少女小涵为情所困，死活想不开，一口气吞下了 100 粒安眠药。所幸发现得早，硬是从死神手中救了回来。

据小涵母亲透露，女儿素来外向，长得漂亮，成绩优异，年级第一，当真是一朵才貌双全、人见人爱的校花。

如果非要说女儿有什么缺点的话，那就是“输不起”，比如哪次考试没发挥好，回家以后就躲在屋里狂哭，跟她说话也不理，摔东西，不吃饭，晚上还会失眠。

这次直接闹到自杀，正是因为跟某个男同学早恋，继而产生了极大的挫败感，以致万念俱灰，典型的感情里的输不起。

除了爱恨情仇，学业上也有人输不起。

前不久，美国加州大学圣巴巴拉分校一名20岁的中国女留学生，在寝室内自杀。据多方判断，这个总是以笑脸示人的阳光女孩居然是因为抑郁症而死的。

之所以会抑郁，很大程度是因为留学期间压力过大，学业不堪重负，同时又担心不能满足国内亲朋好友的期望。

失败也是一种选项

杨澜在《失败也是一种选项》一文里这样写道：

人生如此丰富，岂能用输赢一语概括？除了赢家和输家，难道我们不能做个玩家，在对梦想的追逐中体验一把挑战自我的惊喜与刺激？万一成功了呢？

《幽灵的礼物》由美国期货杂志有史以来最火的专栏作家所写，里面讲述了交易的各种规则，其中最重要的一条就是：输得起的人就是长期赢家。

对此，书里是这样阐述的：人们不愿意承认错误，其实遭受损失是交易的组成部分，也是最重要的一部分。多数人之所以输不起，是因为他们是蹩脚的交易者，所以他们注定贫穷。最好的输家才是最好的赢家。

其实在漫漫的人生路上，何尝不是如此？

新东方的创始人俞敏洪，经历三次高考（据说补考费还是跪求父亲找亲戚们凑的）才考到北京大学，随后改变了自己的一生。

我有一位师兄，刚毕业的时候就立志要做律师，结果一口气考了 8 年才最终通过国家司法考试并获得相关证书，头考秃了，女朋友也考没了，而他终究成为一名梦想成为的律师。

人生就是如此，想要赢首先得输得起。真正输得起的人，才能赢得更多。

说到项羽的故事，大家一定耳熟能详。话说当年，此公被刘邦大败于垓下，虽说逃了出来，但还是在乌江前自尽了，享年不过31岁。

后来李清照还写过一首诗，“至今思项羽，不肯过江东”，以歌颂项羽的英雄气概。但其实，他完全可以带着虞姬过江东，以寻找东山再起的机会。

然而，他觉得没有脸面回去，因为在骨子里，他是一个输不起的人。他曾经这样说过：

吾起兵至今八岁矣，身七十馀战，所当者破，所击者服，未尝败北，遂霸有天下。然今卒困於此，此天之亡我，非战之罪也。

意思是说，打了这么多年的仗，都没有败过，此番战败，想必是老天爷要灭他。输不起的理由，我倒是见过不少，这个算是最完美的了。

与项羽形成鲜明对比的是勾践，惨遭灭国后，他差点也想自杀，所幸想开了，输得起放得下，苦心人天不负，卧薪尝胆，三千越甲可吞吴。

赢不了，但是我输得起

在电影《奇异博士》的结尾，奇异博士单挑超级大

boss 多玛姆，但根本不是对手，完全就像是蚂蚁面对大象一样被秒杀。

多玛姆很诚恳地劝他，你永远不会赢的！

奇异博士则坦然道，我的确不会赢，但我输得起啊！

因为他借助一个神器，可以逆转时间，哪怕每一次都被秒杀，但还是一次次地回来领死，同时也把多玛姆困在这个死循环里。

后来，多玛姆实在没办法，只能答应了奇异博士的条件，离开了地球。

诚然，不管是感情还是事业，每个人都想赢，但是在赢的路上，我们一定会遭遇很多坎坷，经历很多失败，而只有输得起的人才能笑到最后。

记得王家卫的电影《一代宗师》里，有这样一句话：“人活这一世，能耐还在其次。有的成了面子，有的成了里子，都是时势使然。”

面对苦涩却美妙的人生，心怀荒诞却纯真的梦想，哪怕因为时势，我们难以成为赢家，更难以成为一代宗师，但我们也会一直努力去尝试，去拼搏。

我可能不会赢，但我输得起。对吗？

人生如此丰富，岂能用输赢一语概括？

少想一点六便士，多想一下墓志铭

少年易老学难成，一寸光阴不可轻。未觉池塘春早梦，阶前梧叶已秋声。

——朱熹《劝学》

前几天，有个朋友找我聚餐，酒过三巡，她长舒一口气说道：“辞职了，我总算是辞职了，扔掉‘铁饭碗’了！”这让我大吃一惊，因当下辞职考公的大有人在，可扔掉“铁饭碗”的人，却是凤毛麟角。而且据我所知，她家里人一定不会同意。

其实，她之所以一直想要离开体制，放弃一份在世人眼中非常不错的工作，当然不是因为喝多了，而是因为她想开个农场，开辟一片属于自己的果园。

这是她大学时就在心底种下的梦想，后来因为经济、家庭等各方面的原因，一直没办法实现，只能常年絮叨，没想到却在今年迈出了步伐。

念念不忘，必有回响

无独有偶，我有个大学同学，成绩很优秀，人长得很英俊，刚毕业就作为管理培训生去了世界知名企业强生。

记得当年，在我们每个月领几千元工资的时候，他已经月薪过万且上不封顶了；我们坐公交车去参加同学会的时候，他已经靠自己的努力开起了别克君威……真是让我们无比羡慕!

但出人意料的是，在毕业三年多时，正当事业红红火火风光无限之际，他居然选择了离职，去做了公务员，而且去的还是非常冷门的林业局。

我们问他原因。他笑着说，原因很简单，就是因为喜欢做公务员，想成为一名为人民服务的好公仆。而且，在公司这几年他都有备考，只是今年才考上而已。

少年易老学难成，一寸光阴不可轻。

未觉池塘春早梦，阶前梧叶已秋声。

——朱熹《劝学》

他们一个逃离体制，一个踏入体制，看似走了截然不同的路，但其实都是真正回归了初衷，所谓念念不忘，必有回响。

从这两个朋友身上，我似乎看到了一种带着理想主义的力量，一份追随自己内心的勇气。

他们并没有在越来越浮躁的日常生活里，在为每一个六便士而忙碌的工作中，变得麻木不仁、随波逐流。

正所谓沧海横流，方显英雄本色。他们正是这样的英雄，于横流的物欲中守住了头顶的那一轮明月，也响应了自己的人生观、价值观。

赤心不改真英雄

知名自媒体人罗振宇曾说过这么一句话："与其打造简历美德，不如修炼葬礼美德。"

所谓"简历美德"，就是在简历上写的一些自卖自夸的话，展示一些赖以生存的技能，外加几个能体现我们出色的工作能力的例子。其最重要的目的，是让我们拥有更高的吸金能力，可简单理解为"六便士"。

而"葬礼美德"则不同，它是在你离世后举行葬礼时被人们怀念和歌颂的品质。一方面，它是你为了“让这个世界变得更好”所做出的努力；另一方面，也是你真正希望世人记住的东西。简单来说，就是“墓志铭”了。

确实，打造“简历美德”可以让我们获得一时的利益，生活也可以得到明显的改善，但修炼“葬礼美德”，才应该是我们一生的价值所在。

有一本叫作《老人》的杂志，曾对60岁以上的老年人进行了一项调查，问题是：

当你老了，一生中最后悔的是什么？

结果，得票最高的选项是：后悔年轻时不够努力导致一事无成。

90%以上的老人认为，年轻时遵循着一种从众的生活态度，别人学习他也学习，别人工作他也工作，别人娱乐他也娱乐……这种随波逐流的态度让他们在习惯中前行，最终失去了自己，以致现在非常后悔。

在经典名著《月亮和六便士》里，有这样一段话：

“做自己最想做的事，生活在自己喜爱的环境里，淡泊宁静、与世无争，这难道是糟蹋自己吗？

与此相反，做一名著名的外科医生，年薪一万英镑，娶一位美丽的妻子，就是成功吗？

我想，这一切都取决于一个人如何看待生活的意义，取决于他认为对社会应尽什么义务，对自己有什么要求。”

虽然故事的主角思特里克兰德为了画画抛家弃子跑到巴黎的做法不值得提倡，但他为了梦想所付出的汗水和坚持，让无数人汗颜，也值得我们深思。

正因如此，我一直很喜欢书里的一句话：“满地都是六便士，他却抬头看见了月亮。”

我也希望大家（当然也包括我自己）能够在繁杂万千中，在声色犬马和儿女情长里，少想一点六便士，多想一下墓志铭，也正如韩寒在电影《乘风破浪》里所说的那样，男儿至死是少年，赤心不改真英雄。

当你老了，一生中最后悔的是什么？

真正的“耐撕”，必定守得住初心，斗得过妖怪

要么 nice（“耐撕”），要么被撕，人生不过如斯。

我以前有一个下属，待人接物都非常和善，很有礼貌，说起话来也非常温柔，让人如沐春风，一看便知很有教养。

我们愉快地合作了一年多，突然有一天，她哭着跑到我面前说想要辞职，感谢我过去一年多的栽培。

我说：“这阵子不是干得好好的吗，怎么突然就要走了？”

她说公司的某个高层对她不怀好意，经常没事就约她出去，让她不胜其扰。

我说，你只要坚持自己的原则，不理会就好了。

她说她就是这样做的，自从知道那人有非分之想后，但凡在公司里撞到，定会绕路而走。 实在不得已，需要汇报工作或开会时，也会冷眼相对，一副宁死不从的架势。

我皱了皱眉，说你其实可以换一种更好的做法，比如说坚定地表明态度后，在日常相处中就不需要那么针锋相对和视死如归了，特别是在公开场合。

她说她不懂。

我说你先不必懂，尽量这样做就好。

结果如你所料，她压根就没听我的劝，还是一如既往地行事。

后来，这个领导就变本加厉地刁难她。 无奈之下，她只好离职了。 最让人无语的是，她在前几个公司都是因为类似的情况而离开的。

其实我想说的是，一个人在社会上打拼，想要 be nice（做个“耐撕”的人），就必须变得更加 nice（“耐撕”），否则只有被撕的份儿。

怎么样才能真正 be nice（做个“耐撕”的人）

所谓 be nice（做个“耐撕”的人），不是张牙舞爪，而是能攻能守；不是圆滑世故，而是内方外圆……

总的来说，“耐撕”不是一种外在的锋芒，而是一种内在的态度。既能走心，又能走剑。走心时，保持分寸；走剑时，点到为止。

换言之，所有的“耐撕”都需要牙齿，哪怕不是为了攻击，也可以用来保护，就像是一头大象，有了足够的力量，才能惬意地游走于动物圈，真正地做到人见人爱。

学妹的疑问

我有一个刚刚大学毕业的学妹，找到了一个不错的公司。

有了好归宿，自然少不了请客。席间，她跟我说，她想做 nice 的人，人见人爱，花见花开，简简单单的就好。

我笑了笑，说看来我不该送你我的新书，而应该送你一本旧书——《杜拉拉升职记》。

结果如我所料，两个星期不到，她就万般委屈地跟我哭诉，真没想到，公司有一个同事，老跟她过不去。“自己做得不好，就仗着自己资历老，咄咄逼人，凶神恶煞的……师兄你说，我是不是太弱势太 nice 了。我想我以后一定要变成一个强势的人才行！”

我苦笑道：“你不是一直就很讨厌强势的人吗？你看看你现在，已经在开始努力成为你曾经那么讨厌的人了。”

她恍然，然后问该怎么办。

我说我也不知道，我只知道，你应该 be nice（做个“耐撕”的人），然后才有资格保持你的 nice，而不是希望以自己的 nice 去赢来所有人的尊重。

确实，不管是爱情还是职场，抑或是在漫漫的追梦路上，“耐撕”俨然已经成为当下社会的必备气质：

Nice（耐撕）的爱情，是放下和坚守的拉锯。

Nice（耐撕）的生活，是死磕和妥协的博弈。

Nice（耐撕）的人生，是梦想和现实的平衡。

Nice（耐撕）的世界，是个人和社会的协同。

佛家有曰：念身不求无病，处世不求无难。究心不求无障，立行不求无魔。

意思是说，磨难如影随形，是每个人变得更好的必需品，我们不能天真地奢望它不存在，只能用 nice（耐撕）的精神，好好地面对。

活出自己，才能活得漂亮

你可以在我生活的所有地方装上摄像机，但却永远无法在我的大脑里装摄像机。

股神巴菲特曾在采访时说，他生命中最有用的一条教诲是父亲给的。

父亲是一个非常包容的人，从小就不会强迫他做太多事，而是会对他说：

“一定要尊重自己的感觉。”

正是这种植根于内心的自我认同感，让他培养出了极其敏锐的投资嗅觉。“别人恐惧的时候我贪婪，别人贪婪的时候我恐惧”，继而使自己在几十年的投资生涯中平稳地度过了各种大小的金融危机，并成了世界上最成功的投资人之一。

世界是一个巨大的片场

在经典电影《楚门的世界》里，楚门从出生那天起，就活在了电视剧里。

他的一切，包括初恋，包括死党，包括美丽的娇妻，包括死去又复活的爸爸，甚至包括他所在的桃源岛……都是导演为他所精心设计的片场。

然而，30 岁后的他，终究还是感受到了周围的不对劲，并最终决定抛下一切所谓的“幸福”，勇敢地追随内心，哪怕是冒着生命危险，也要离开这个被宣称为“世界上最宜居”的桃源岛。

在走出桃源岛的那一刻，他对自认为更了解他的导演说：

“你可以在我生活的所有地方装上摄像机，但却永远无法在我的大脑里装摄像机。”

这部电影之所以获奖无数，并且口碑一直居高不下，一方面是因为其构思巧妙；更重要的是，它折射了我们的生活。

其实，这个世界本身就是一个巨大的片场，我们从小到大，不断地淹没在来自方方面面的各种声音中，很多人在嘈杂的环境中逐渐失去自我，不敢真正地活出自己。

更可悲的是，有些人完全鄙弃了自己，以他人的评价来定义个人的价值，以车子、房子、票子去衡量人生的意义，直到老去、死去那一天，都无法摆脱别人的期待。

你的信仰是什么

前不久，我的一位客户因为感情受挫而难以接受，甚至产生了轻微的抑郁。

我问她，你的信仰是什么？ 这个信仰可以是梦想，也可以是某种你渴望的生活方式，总之是心中那个不变的自己。

她想了很久，然后说：“我好像没什么信仰，如果非

你可以在我生活的

所有地方装上摄像机，

但却永远无法在我的大脑里装摄像机。

要说一个，那就是爱情吧。我需要有人爱，而且我也爱他，如果找不到这个人，我就感觉生活没有任何的意义。”

我告诉她，爱情的确是世间最美好的事物之一，但它也只是生活这个大舞台上的一幕而已，哪怕再重要，都不能替代生活本身。你最大的问题不是源自这次爱情的失败，而是源自你一直把生活本身的意义挂在“找到对的那个人”身上，失去了自我，也就谈不上信仰了。

要知道，有些人之所以不会轻易因世事变幻而深受打击，甚至被彻底击溃，是因为他有一个强大而坚定的内心，不会因为别人的评价而随便改变。就像是一棵树，只要把根扎深了，即使风雨再大，也奈何不了。

我一直孤独前行

熟悉我的朋友都知道，在我走上写作之路前，身边几乎没有人支持我写作，我一直就是孤独前行的。

但我还是一如既往地坚持着，于是机会在写着写着的时候就来了，以一种意想不到的方式出现……回首过去，这与其说是幸运，倒不如说是一种忠于内心的选择。

其实，现在做情感咨询也是一样。最开始，有朋友会好心给我建议，说男人不适合做情感咨询，没办法感同身受；还有人说我普通话不够标准，不适合讲课；要不就说我适合讲干货，因为我有强大的职场背景……

然而，当我看到越来越多人因为我的服务而在迷失的爱情中找回方向、寻回力量，甚至重拾生命的勇气时，我就知道，自己选择的路是正确的。

心理学家说过，一个人做什么，如果主要从自己的内心出发，就有一个真自我；相反，就是一个假自我。

一个人如果有太多的假自我，就会非常痛苦，甚至会内心撕裂。

比如说一个孩子，如果他做一件事是为了获得父母的认同和表扬，而不是基于自己内心的选择，那他就可能慢慢失去自我，以致在长大后出现社交障碍。

这也是为何教育学家告诉我们，虽然大人需要经常表扬和奖励孩子，以培养他们的自信心，但千万不能过分，一旦过分鼓励，孩子就可能为了奖励而做事，而不是从自己的内心出发。

停下脚步，听听内心的声音

以前，常看到有些人跑到寺庙里闭关，一关就是七八天，不工作，不玩耍，甚至不说话——专业术语叫内观，我觉得很不理解，甚至觉得特别无聊，颇有形式主义的感觉。不过后来我才知道，这是一个非常不错的找回自己、拥抱内心的方法，能够帮助我们更好地感受身体的力量，清除追梦路上沉积了多年的尘埃。

其实除了内观之外，偶尔一个人去旅行，去自己真正想去的地方；或是一个人静下心来，伴着阳光、音乐和一杯奶茶，慢慢地读一本好书，同样是一段发掘内心之旅。

然而，有些人却害怕一个人上路，不是因为担心不安全，而是害怕孤独，怕无人分享。更有些人，进入社会后就再也无法把一本书读完了。原因很简单，因为我们一直活在喧嚣中，活在别人的声音和期待中，始终被动行事，而忘记了用大脑思索，忽略了内心的感受。

苏格拉底用自己的一生一直在告诫我们：“要认识你自己。”

比起几千年前口口传播的时代，活在信息爆炸时代的我们，或许更需要不时地停下脚步，听听自己内心的声音，认识并活出自我，只有这样，才能真正不枉此生，活得漂亮。

余生很长，何必慌张

“老骥伏枥，志在千里；烈士暮年，壮心不已。”

——曹操《步出夏门行》

最初知道特朗普，还得追溯到2008年。

记得那时，《赢在中国》正在全国热播。下至乳臭未干的大学生，上至已过退休年龄的老干部……多少江湖人士的热血都被这部商业真人秀点燃。

我也不例外，班上得好好的，却随时准备辞职，满腔热血地跑去创业。后来还真报名参加了节目，但碍于能力有限，战况堪称惨烈。

老骥伏枥，志在千里；烈士暮年，壮心不已。

——曹操《步出夏门行》

对于《赢在中国》里的金句，我可以说是倒背如流，比如牛根生的“小胜凭智，大胜靠德”，马云的“今天很残酷，明天很残酷，后天很美好，但是绝大多数人死在了明天晚上”。

后来我发现，《赢在中国》其实是承袭自美国的一档叫作《学徒》的节目，而这个美国节目的主持人就是特朗普。

《学徒》当年风靡美国乃至全球，让地产大亨特朗普变得更为知名，其在节目里的口头禅“You are fired（你被解雇了）”更是成为人人尽知的金句。我当时就觉得，特朗普的气场完全不输于《赢在中国》里的马云和史玉柱，肯定是个大有来头的家伙。没想到在时隔 8 年后，此人居然成了美国总统。

特朗普：成功的人从不放弃

有道是“酒债寻常行处有，人生七十古来稀”，对绝大多数人来说，一旦过了 70 岁，便到了休养生息、颐养天年之时，“老去逢春如病酒，唯有，茶瓯香篆小帘栊”。

可特朗普硬是从一个几乎没有任何政治智囊团的企

业家，变成了位高权重的美国总统，而且一路拼杀过来，几乎没有任何一家主流媒体愿意助阵。相反，他还招到了各大媒体的立体式攻击。

由此可见，在漫漫的人生路上，一旦重新选好了方向，年龄就不是问题，环境更不应该太在乎，我们只需要风雨兼程。在追求梦想的路上，对我们阻挠最多的往往不是敌人，而是那些所谓的最了解我们的亲朋好友。

回顾特朗普的过去，其奋斗经历可以说是一部活生生的励志片。

少年春风得意，却骤然破产，负债9亿美元，但凭借自身努力，又奇迹般地东山再起。后再次破产，负债近百亿美元，银行收走了一切，可他却再次创造奇迹，扭转乾坤……

总的来说，特朗普一生经历了四次以上的破产，人生犹如坐云霄飞车，大起大落。

对此，他曾说过这么一段话，让人印象深刻，而且这段话在他当选总统后，还成了风靡全球的励志金句（因为翻译的问题，各国的版本会有所不同）：

“很多朋友破产了，再没见过他们。幸运的是，我没有选择他们的路，因为我在成功的人身上看到的最普遍特点，就是他们从不放弃……

我一生中走错了不少路，看错了不少人，承受了许多的背叛，我落魄得狼狈不堪，但都无所谓，只要还活着，就总有希望。余生很长，何必慌张……”

确实，一个人只要活着，不言放弃，就有希望。古今中外，莫过如此。余生其实很长，何必慌慌张张。“那些杀不死我的东西，只会令我更强大”，强大到足以让我们在一片枪林弹雨中，活出自己喜欢的样子。

褚时健：在最艰难时刻也保持尊严

中国最大的地产商之一万科的创始人王石曾公开说过，在这么多的企业家里，他最佩服的就是褚时健。

究其原因，王石在最近一次的采访中也曾提到：“褚时健最值得我们敬佩的，就是他保持了尊严。”

他说，一名成功人士，不是看他站到顶峰时的样子，而是从顶峰跌落之后的反弹力。褚时健就是这样的一个人。

确实，逆水行舟，才见掌舵功力；沧海横流，方显英雄本色。说到褚时健，可能年轻些的朋友不太清楚，这里给大家简单介绍一下。

褚时健早年丧父，辍学种地。少年时，义无反顾地参加革命，表现突出，但却因反右不力，被打成右派，不过由于能力超强，很快便成为国营厂管业务的副厂长。

年过半百后，他走上了人生最重要的一站——玉溪卷烟厂，并一手将这个名不见经传的小厂发展为世界级的行业巨头——红塔集团。

60 多岁时，他坐拥年创利税近 200 亿元的“红塔帝国”，位高权重，被尊称为“老爷子”。而临近退休时，却因贪污罪入狱，被判无期徒刑，人生再次跌至低谷。所幸的是，他在狱中表现良好，后来被改判成有期徒刑 17 年。

2002 年，保外就医的褚时健在 75 岁的高龄重新创业，与妻子开荒种橙，并在 10 年后以“褚橙”红遍大江南北，成为亿万富翁。

从他那过山车似的人生里，我们似乎读懂了这么一句话：“余生很长，不必慌张”。与之形成鲜明对比的，是他唯一的女儿褚映群，其在 1996 年入狱后，感觉生活无望，在狱中自杀，年仅 39 岁。

记得褚老曾说过这么一句话：

“经历对每一个人都是一笔财富，但一个被经历的苦难压倒的人，是无法获得这笔财富的。”

确实，一个人只要有勇气承担自己的责任，以积极的心态面对苦难，就能把苦难变成聚宝盆，真正地活出自己喜欢的样子。人生总有起落，精神终可传“橙”。

摩西奶奶：有自己真正兴趣的人才会有意思

在美国，有一位家喻户晓的奶奶，名叫摩西。她从来没有进过美术学校，也没有经过老师的培训。她在七十多岁时，因为关节炎而被迫放下针线，这才拿起画笔，并且坚持创作，在 80 岁时便在纽约开办个展。

随后，老人家更是画笔不辍，坚持作画，“有一口气，点一盏灯”，直到 101 岁，一共给这个世界留下了 1000 多幅精美的油画作品。

在她的百岁感言里，摩西奶奶曾这样说过：

“有年轻人来信，说自己迷茫困惑，犹豫要不要放弃稳定的工作做自己喜欢的事情。人的一生，能找到自己喜欢的事情是幸运的。有自己真兴趣的人，才会生活得有趣，才可能成为一个有意思的人。当你不计功利地全身心做一件事情时，投入时的愉悦感和成就感，便是最大的收获与褒奖……

人生并不容易，当年华渐长、色衰体弱，我的孩子们，我希望你们回顾一生，会因自己真切地活过而感到坦然，淡定从容地过好余生，直至面对死亡。”

确实，正如摩西奶奶所言，人生再不容易，只要活出了自己，就能淡定地过好余生。也正如摩西奶奶所行，只要认定了一件事，再晚也来得及，因为余生很长，你永远不知道下一个转角会有什么样的风景在等你。

余生很长，何必慌张

在写作圈里，我知道有这么一位老人家，70 多岁，突然想要出书，可亲朋好友们都觉得她发神经，因为她非但不会写作，甚至连大字都不识几个。

可她说：“我有很多的故事，属于我们那个时代特别的故事，我想把它们通通记录下来，留给这个已经变得更美好的世界。”

后来，她就在网友的帮助下，通过语音输入法，把自己的故事放在了网上，结果因为故事非常精彩，文字别具一格，引起了出版社编辑的关注。新书很快就上市了，而且还非常畅销。

人生本该如此，修行无处不在，在前行的路上，只要觉得事情该做，美梦当追，就勇敢去做，拼命去追吧！

而且，很多事情一旦开了头、用了心，你就会发现，其实并没有想象中那么难。前行路上的所有拦路石，都会因为我们的努力变成通向成功的石梯，甚至是电梯。

张爱玲曾说过“出名要趁早”，可冯唐却有着不一样的见解。他说太早出名，一来盛名难副，二来容易被名声所累，甚至被扭曲，因为还没有足够的底蕴去承担。

对此，我的想法是，一个人，不管是早出名还是晚出名，最重要的是出门要趁早，而且一旦出门，就永远不要觉得太晚。余生很长，初心勿忘，砥砺前行，何必慌张，我们终究会惊喜连连地活出自己喜欢的样子。

此心有路,何必慌张。